涵

×

解

无畏真实

赵涵 著

(Caroline涵涵姐)

人民邮电出版社

北京

图书在版编目（CIP）数据

涵解：无畏真实 / 赵涵著. -- 北京：人民邮电出
版社，2021.11（2023.7 重印）
ISBN 978-7-115-57448-0

Ⅰ. ①涵… Ⅱ. ①赵… Ⅲ. ①女性－情感－通俗读物
Ⅳ. ①B842.6-49

中国版本图书馆CIP数据核字(2021)第198349号

◆ 著　　赵　涵
责任编辑　刘艳静
责任印制　周昇亮
◆ 人民邮电出版社出版发行　北京市丰台区成寿寺路 11 号
邮编 100164　电子邮件 315@ptpress.com.cn
网址 https://www.ptpress.com.cn
天津图文方嘉印刷有限公司印刷
◆ 开本：880×1230　1/32
印张：8.875　　　　　　　2021 年 11 月第 1 版
字数：235 千字　　　　　　2023 年 7 月天津第 2 次印刷

定　价：69.80 元
读者服务热线：（010）81055522　印装质量热线：（010）81055316
反盗版热线：（010）81055315
广告经营许可证：京东市监广登字 20170147 号

谨以此书献给我的母亲、先生等家人，

朋友和所有粉丝，

以及所有希望活出自己、无畏面对生活的人。

Caroline > > > >

关于我

嗨，大家好，我是赵涵（Caroline 涵涵姐），很高兴认识大家，谢谢你打开了这本书。

我在北京出生，后来留学海外，经历了重重困难，辗转多地谋生创业，做过电视台的幕后工作，当过记者，还在金融圈苦苦挣扎过。

和所有在异国打拼的赤子一样，我一直在用自己的绵薄之力努力做着跨文化交流工作。2018 年，在妈妈的鼓励下，我尝试做自媒体，出乎意料，我竟以"老黄瓜刷绿漆"之势挤入了"108 线小达人"行列。

虽说是"达人"，但我这算不上黄金分割比例的身材和这张"原厂原单"的脸，实在与"网红世界"的审美标准差得太远。是大家的喜爱让我对互联网世界有了新的认识，也给了我分享"无畏真实"这一话题的动力。

我希望各位在读这本书时，感受到自己绝不是一个孤军奋战的人，你生活中的柴米油盐是我们每个普通人生活中都会经历的，但平凡和普通绝不会阻碍你变成更好的自己，因为只要你想，全世界都会助力你越来越好。让我们一起，以最坚定的认知打破最坚硬的枷锁！

自序
做自己的主角：
不再讨厌自己

我很喜欢这样一个故事。

一群小青蛙一起爬铁塔。爬着爬着，有一只聪明的小青蛙发出灵魂疑问："傻不傻，大家为什么要向上爬呢？"听它这么一说，青蛙们纷纷停了下来，开始花式嘲笑还在继续爬的小青蛙。

最后，就剩一只小青蛙坚持在爬，最终爬上了塔顶。

大家很好奇，问小青蛙为什么要坚持爬上去。

小青蛙没有回答。

这时候，大家才发现小青蛙有听力障碍，它根本没听到大家的议论。

为什么讲这个故事？原因是在很长一段时间内我觉得自己就是剩下的那只小青蛙，因为身材，因为性格，一度饱受身边人的质疑。

从前喜欢滔滔不绝，掏心掏肺，除了本性善良，我想很大程度上是因为自己存在感太弱，总希望获得承认、引起注意。

总是找借口说自己不自信、太自卑，究其原因也是太害怕被周围的人讨厌，说白了就是太爱自己。越想表现自己，就越会言多必失，被一些别有用心的人钻了空子。于是一面抱怨对方奸诈，一面悔恨自己话多，既希望以自我为中心、得到关注，又害怕被人讨厌，有很长一段时间我都在人际关系的旋涡中沉沦。我们害怕在人际关系中被讨厌、被拒绝、被看不起，但我们越想表现得如他人期待的那样好，就越会做出违心的举动、活得越不像自己。我们太希望自己成为别人眼里重要的人，却忽略了什么对自己才是重要的。"我们每个人并不是世界的中心，我们只是自我认知的中心。"这也像阿德勒说的，一个人表现出来的样子就是他潜意识做出的"利己选择"。而我们的自卑很多时候表现为过度希望获得他人的认可，却忽略了最终能为我们人生负责的只有我们自己。

记得周国平老师曾经说"好的作家都是一些交际和谈话的节俭者"。我觉得就冲周老师这个指向"谈话节俭者"的定义，我也成不了作家，因为我从学说话开始就是一个话痨。1983 年，我在北京出生，那时大家的条件都差不多，生活在大院的筒子楼里。从牙牙学语时起，我每天就和居委会的邻居二大妈一样，搬着小板凳坐在水房门口"嘘寒问暖"。按我妈的描述，说的就是"姐姐你上学呀""大妈你上班呀""你们慢点走呀"之类的片儿汤话。

在早上如打仗般人挤人的楼道，叔叔阿姨哥哥姐姐也会很给面子地回应我。这一聊就是很多年，谁也没有觉得烦，反而认为我是个"小大人"，所以这惜字如金的习惯没有机会养成。至于其他方面也没节俭，按我妈的话，"出厂设置"里可能设定了我出生就是来费钱的。

比如在我们那个年代，没有尿不湿，我妈洗我尿的裤子的频率比别人都要高。虽说那时候水电便宜，但每天洗6遍20条裤子的频率和数量，对我妈也是极大的考验。

我生下来时8斤重，出了满月体重就到了25斤。8个月大的时候，我已经有了能吃13个北方大饺子的功力（北方大饺子的分量，各位请参照烟台鲅鱼水饺的个头）。即便如此，父亲作为纯正的东北人，还是生怕饿着我。那个年代养我这种饭量的"无底洞"，二老也实在是"压力山大"。

长大后，我又有了多生牙的毛病（就是牙瘤），人家攒钱我攒牙。从十几岁开始，一年四季我都在不停拔牙、长牙之间较劲。20多年来，每一次拔牙、打麻药、矫正、术后恢复的费用都不是一笔小数目。按老话讲，我生出来好像就是为了讨债。

我这个"谈话奢侈者"虽然还长了不少"伶牙"，但我一直没有奢望自己能出本书。

2021 年 2 月 22 日早上 7 点，我接到智元微库公司的邀约，在车里开始了这本书的创作，与其说是创作，不如说是自述或是和各位隔空聊天。

说到写书，我其实是心有余悸的，因为我实属业余中的业余。虽然这些年感染的文化气息日益浓厚，但是深知离作家还差着南极到北极的距离。

自 2019 年起，我在短视频平台以"Caroline 涵涵姐"为名成为拥有近千万粉丝的情感知识类 KOL，得到各位朋友，尤其是女性朋友的支持和鼓励，在分享自己的生活所得和读书所感之余，也有幸和各位粉丝结下了不解之缘。

不断有粉丝为我加油打气，希望我能有本自己写的书，于是就有了现在你看到的这本小书。

说到出书，我一直觉得自己没有这个天赋。同很多第一次写书的人一样，我不知道自己应该给各位看官呈现何种形式的文字。与其说感到忐忑，不如说好似小学生交作业一般紧张，第一是觉得自己水平实在有限，第二是总怕丢了自己的面子。直到看到周国平老师说"一个有灵魂的业余写作者远比那些没有灵魂的专业作家更加属于文学"，这才下定了要勇敢写出这本书的决心。

这本书既没有华丽的辞藻修饰，也没有复杂的剧情跌宕，但是我希望呈现给各位的是我前半生经历的最真实的故事，每一个真实的故事都能让你感到不再孤单。我想把这些年自己在黑暗中摸索出的光都借给你，哪怕只是让你少走一点弯路，少掉一滴眼泪。

作为一个"业余作者"，我想我还不太能真正领悟何为作品的灵魂，只是希望用真实和真诚，让你在读这本书时能找到"回娘家"的感觉；让你在成长中受到的委屈、经历的疼痛，以及在重塑自我过程中感知的不安和焦虑等诸多情感，都能经由本书找到出口。这本书涵盖了我的童年与原生家庭、认知和思维能力的升级、新生家庭中的亲密关系、中外职场中遇到的挑战和机会，以及成长过程中的不完美等内容。大家如果时间有限，也可以通过"9问9答"更快速、更直接地了解我及全书要点。我希望给你一些人生答案，给你一些涵式解答，就像粉丝给我的温暖文字一样，助你成为自我疗愈者，一起从经历的苦难、无助、孤独和彷徨中找到持续成长的动力。

我感谢你选择了这本书，因为是你们陪着我勇敢地面对了过去的羁绊，让现在的我可以更好地面对未来，让未来的我不会讨厌现在的我。

我也会陪你一起去与那些曾经让我们辗转反侧、无力挣脱的故事永远说再见。

我希望你不会再担心自己因为偏科被社会淘汰，因为你会看见一个曾经偏科的"学渣"，是如何过五关斩六将拿到奖学金的；我希望你不会再因为身材焦虑而放弃自己，因为你会看见一个和拉布拉多一样永远吃不饱的小胖子在学校里如何被霸凌，又如何从软弱的自己变成现在更好的自己；我希望你不再因为刚毕业走进社会，面临职场的争斗而情绪低落、失去希望，因为你会发现过去的我和你现在没有什么不同，十多年前初入职场唯唯诺诺的我，可以变成现在无畏真实的模样。

当然，希望你一定要相信爱情。你会在书里看到我的爱情故事与《向左走，向右走》所讲的某些桥段雷同，但我的爱情没有抄袭这个故事，因为我们没有像主人公一样最后错过了彼此，祝福你也不要错过。

希望你看完这本书，可以在充满挑战的现实中过往不恋，当下不杂，未来不迎。我更希望各位在每个平凡的日子里，都能以平和的心态、稳定的情绪、大气的格局面对人生所有际遇。

等待

+

接受

+

改变

+

放开

=

成长

Caroline > > > >

目录
CONTENTS

涵畅 · 认知升级

涵养·悠然自适

涵　　悦
9 问 9 答

　　歌德说：“一个人知晓如何度过这一生，是从相信自己的那一刻开始的。”

　　一个人，要做真实的自己，要无畏表达自我，并非轻而易举，有时甚至困难重重。

数字 9 在我看来，更像一个综合体，具有包容度和爱。将它与数字 1 — 10 相乘得到的数字的十位和个位相加，又会出现 9。新数字的出现，就如人生里出现的变动和变故，会让心中的"9"出现动摇，甚至使自信心受到波动，使自尊心受到创伤。一些庞大的数字的出现会弱化"9"的存在感，就像我们在生活里会因突然闯入的优秀者而妄自菲薄。我们用自己的短处去与其他人的长处做比较，并在内心深处把自己当成"受害者"，忽略了我们始终是那个"9"——无可替代的"9"。愿你像"9"一样，终会等到"众数之和"的出现；愿你能勇敢"做自己"，如"9"一样勇敢接纳和融入世界，不因外界新鲜元素的加入和碰撞而逃避；更重要的是愿你在每一次无畏真实的经历中，获得力量、勇气和自信，学会接纳自己、包容世界，不自卑，也不自私，以利他之心为他人带来温暖和快乐。

第 1 问：如何看待现在的自己？

答：脸可以"坠"，心不能"垮"，"兜"不住，就让它自由落体。

20 多岁熬夜后补个美容觉，第二天脸上还能有"一捏一兜水"

的效果；30 岁一过，就算别人一口一个"逆生长"，我们自己也明白喝完酒、熬完夜的垮脸和力不从心，绝对不是补个觉就能恢复的。身边的年轻人郁郁葱葱，我们除了感叹一句"年轻真好"，其他说什么好像都会在现实面前败下阵来。我很快就要进入 40 岁了，也不能不接受地球引力太强大的现实了。出来"混"，早晚要"坠"的，能兜就兜住，兜不住，就真实地让它自由落体吧。不开滤镜，不做美颜，是我做自媒体以来，近 500 个视频最大的特点。想年轻吗？想。想好看吗？想。想忘记现在的样子吗？不想。因为我很爱每天的自己。滤镜多了，我怕忘了自己是谁。

第 2 问：你向往的生活是什么样的？
答：任何一种生活方式都是自己说了算。

你有足够的经济实力可以养活自己吗？

你有 5 根手指就可以统计出来的朋友吗（不求多但求精）？

你 30 岁前就开始为自己存养老金了吗？

就算没有"铁饭碗"，你会因为"鸡蛋挂面不锈钢盆"[1]被人

---

[1] 网友用以描述部分商家不良获客手段的调侃用语。——编者注

忽悠吗?

你有在生理上和精神上与你合拍的伴侣吗?

你能享受孤独吗(不是忍受是享受)?

如果你能享受孤独并找到属于自己的生活方式,那你就能让自己感到快乐。如果能挣脱束缚,活出自我,孤独又有什么可怕的呢?

我妈经常念叨:"趁着年轻,只要不犯法,不伤天害理,你想干吗就干吗。"年轻时什么都想吃,什么都能吃,什么都爱吃,就是没什么钱;长大后,钱有了一些,但没了胃口,能吃却不想吃了。

没钱时吃不起,有钱时吃不了,终是不完美,终归有遗憾。但只要你觉得舒服,怎样都可以。

第 3 问: 你如何理解原谅和宽恕?

答: 理解别人需要自己"流血"。

原谅谈不上,宽恕有点难。这样才能避免让别人的错误伤害自己很多年。原谅是对方做出我们希望的改变后,我们做出的反应和行动。比如有人向你道歉了、认错了,我们才开始考量是否要原谅这个人。而现实里得寸进尺的人太多了，我们怎么可能一一原谅呢？理解别人需要自己"流血"，之所以会受伤，是因为我们的焦点始终在别人身上，没有考虑过自己。虽然表面上我们睚眦必报、凶神恶煞，以牙还牙、以眼还眼了，但没有意识到我们最终是因别人的错误纠结了很多年。

如果说原谅的对象是他人，那么宽恕的对象一定是我们自己。当我们开始意识到，让别人犯下的错误伤害自己多年非常不值得时，就算不能坦然去"恕"，也得让自己的内心变得更加宽大。宽大的心，不是让你去忘记，而是让你放过自己，与委屈共存，与痛苦共生，与悲伤握手言和。

被恨的人没有痛苦，恨的人却遍体鳞伤。

第 4 问：如何形容近 10 年的自己？

答：一个公式：等待 + 接受 + 改变 + 放开 = 成长。

28 岁时，以为自己领略了世界的全貌，殊不知自己其实连世界的一角都还没有看清楚。28 岁时，以为单枪匹马可以敌过千军万马，可若没有十年磨一剑的积淀，终究实现不了金戈铁马的壮志。

《一个人的朝圣》里说："给予和接受都是一份馈赠，既需要谦逊，也需要勇气。"我们需要勇气去接受不完美，需要勇气去接受因不完美而产生的焦虑，需要勇气去直面各种错误，更需要勇气去接受普通、渺小和平凡。

如果说人生是一场修行，我会对十年前的自己说：接受平凡是这场修行的第一课。因为只有接受了平凡，我们才能认清自己，摆正自己的位置，改变自己在生活里的态度、在职场中的心态和在亲密关系中的姿态。接受平凡并不意味着成为一个平庸的人，它强调停止抱怨命运的不公、打破原地不动的束缚、离开舒适圈去迎接未知的残酷挑战。

你能看多远，就能走多远；你的心有多大，你的世界就有多大。

人和花是一样的，你要给予自己极大的空间，才能自由生长。心理学里有个词叫作"花盆效应"，说的是如果人在"花盆"中待久了，就会不思进取，安于现状。如果不去改变，我们或许将永远生活在命运安排好的"花盆"里。请把"我要是……"这样的假设从生命里去除，这样的假设只会让自己对现状越来越不满和愤怒，我们必须摆脱这个好看不好用的"花盆"。

18岁前，我们尚且有资格去抱怨几句，因为毕竟那时的我们像父母身上的"挂件人偶"；过了18岁，谁的人生谁做主，"挂件人偶"的角色将被重新定义。在那时，我们的人生犹如"破茧而出"前的定格，有分离的剧痛，有重塑的撕裂，期间如果我们不能解开枷锁，放下痛苦，就不会重新认识自我。人生没有一世顺遂，生活也不会按谁的意愿走。我还是想和十年前的自己说："不如意事常八九，可与人言无二三。"记得告诉自己："想不想的事情一定想，做不做的事情一定做，行不行的事情一定行，说不说的事情看情况说。"

第 5 问：这些年如何熬过了身体的病痛？

答："谢谢让我生病了。"学会调侃自己的疾病，悲剧也能有喜感。

我会用我自己的经历说："谢谢让我生病了。"一定会有人问我怎么会把疾病当作老天的一份馈赠？多年前，我带着病痛和久治不愈的委屈、焦虑的面容、抑郁的情绪，走进一位医生的办公室。

我竹筒倒豆子一样，叙述了所有疾病给我造成的肌体反应，我哭着说："我就像脑袋上带着一个定时炸弹，我不知道什么时候会犯病，不知道什么时候又不能像正常人一样生活……"

医生抬头看了看我，然后说："你是来看病的，但你自己知道自己怎么了。与其说你是来看病的，不如说你是来找救命稻草的。如果你指望一两剂药就能药到病除，那不可能。你要学会与病共存，学会耐心等待，学会让它成为你生命里的一部分。"

在过去几十年里，我把吃药和忌口当作一种修行。我不再期盼我服的药能立竿见影，也放下了彻底治愈的奢望和幻想。曾经我苦恼为什么不能像正常人一样生活，后来，我学会了感恩和接受。在我没有犯病的时候，我可以像正常人一样出门、工作、出差，甚至旅游，当我的"定时炸弹"启动的时候，我也可以等待煎熬的时刻过去，然后告诉自己噩梦快醒了。每次大病初愈后的平静，都是生活赐予我的恩惠。

只要你自己接纳了现实，学会调侃自己的疾病，外界的一切逆耳忠言都会变得顺理成章。我给各位打个样，比如我想在自己百年之后把身体器官捐献出去，为此，我和很多医生朋友探讨过，他们说实施起来有点困难。捐个口腔部位吧，天生发育不好，牙骨缺失，牙瘤横生，每年敲敲打打，也就剩个舌头暂且完整；捐个心脏吧，天生患高脂血症；捐个脊柱、腰椎吧，梅尼埃[1]外加颈椎不适做过

---

[1] 即美尼尔氏综合征，其病程多变，以发作性眩晕、波动性耳聋和耳鸣为主要症状。——编者注

多次手术；捐个膝盖吧，外出旅游时桥塌了、人坠了，幸亏那时太胖卡住了腰，一条腿挣扎着耷拉在桥面上，另一条腿韧带撕裂，现在一遇阴天下雨就要自行消受疼痛。

本想来一场严肃且庄重的捐赠，到最后成了"除了铃铛不响哪都响"的"二手车事故勘探现场"。写到这里，我自己都乐了，一场现实的悲剧，句句带着喜感蹦跶着出来了。

第 6 问：如何面对年龄和身材焦虑？

答：少攀比，少自虐，少听"蝲蝲蛄"叫，少想"百年以后"。

梁实秋说："人的年纪就像钟表上的时针，慢得使你几乎感觉不到它的移动，但一天天一年年的，总有一天你会蓦然一惊，已经到了中年。"但您也别因为中年了就把自己放弃了，任何中年人都有"北海虽赊，扶摇可接；东隅已逝，桑榆非晚"的机会。中年危机更像一场比上不足比下有余的"纠结战"。

年轻时，对于有人过了 35 岁就觉得恐慌嗤之以鼻，自己到了这个岁数才明白，这种恐慌其实就是心理和生理上的"欲哭无泪"。恐慌的不是年龄的增长、数字的变化，而是在别人的标准里论输赢。

前一天梦想很丰满，第二天身体和心情很骨感。

看着年轻人为了完成 KPI，熬夜加班夜宵"刷刷刷"；自己一有压力，头发就像富士山的樱花"哗哗哗"。对于社交媒体上"身材焦虑""容貌焦虑"的话题，就算做不到"两耳不闻'平台'事"，也别随便拿自己当参照物，没事就和自己较劲。

如果实在忍不住，咱就关起门来偷偷摸摸地实验一下。如果不成功，纯当自娱自乐了。但有一点咱得谨慎，虽然"剁了手，死了心"比心里"种着草"来得痛快，但对于让别人在自己脸上动刀的事，还得三思而后行。

捯饬不成功就当自娱自乐了，这"动刀"后万一不如出厂设置，咱可没有初始化按钮，到时候就只剩倒也倒不完的苦水了。"真老了""变丑了""太胖了"……这些个"蝲蝲蛄"叫，有没有让你关注自己一年一次的体检？有没有让你把各项指标都控制得相对稳定？如果有，那就行了。

至于其他的，难道听蝲蝲蛄叫你还不种地了？至于"百年以后"的事，有点远，少想点离开前那些事。意外和明天哪个先来谁也说不准，可适当提前规划自己和家人的一些事，比如我 20 岁有了第一笔收入时就开始"筹划"，到现在将近 20 年过去了，渐渐地不再对"百年以后"那么忐忑了，甚至觉得有些美好。

温情提醒，也少把这点希望寄托在孩子身上。扪心自问：自己能对父母管到什么程度？我在海外工作多年，父亲心梗需要手术，从买机票到飞回北京，将近 20 小时，我抵达时父亲早已平安下了手术台。有时候会想，到了我们风烛残年的时候，我们的下一代会不会比我们还要"累"、还要"忙"？算了，甭想了。人的命，天注定，尽人事，顺天意。

第 7 问：如何成长为今天的自己？为什么？

答：选择像"海绵"一样生活——培养吸收力和复原力。

大家有没有想过可以把自己看作一个产品？互联网公司研发新产品时都会实行最简化可实行产品（Minimum Viable Product，MVP）策略，也就是根据客户反馈验证、改进自己的产品，目的是让产品很快成型，迅速推向市场，实现利益最大化。

把产品做到最好，收益才可以纷至沓来。即便产品在很多人眼里已经是精品了，还要不断地更新完善。

放到每个人身上，我们是否思考过：在职场磨炼多年，自己各方面的能力足够完善吗？现在还在快速进行自我迭代吗？你的"市

场份额"有没有随着时间的推移越来越小？像海绵一样生活，也是希望让自己这款产品加速迭代，在矫正自己的过程中培养自身的吸收力，只有让自身能力与公司需求契合，自我价值才能无限放大。

能力越稀缺，价值就越大。我们刚毕业时，竞争力没有多强，仅凭一张文凭做敲门砖，就希望被职场前辈认可，试图用"长江后浪推前浪"的方式，在竞争中脱颖而出。

几年后，你也许会发现，能力是否被认可似乎并没有那么重要，是否被需要才更加重要。如果此时还靠文凭吃老本儿，就别再问老板："凭什么升职加薪的不是我？"因为你没有"迭代自我"，没有让领导发现你，没有满足他们的需求。

公司考虑的是利益和成本，其次是需求和稀缺性，目的是创造价值和提高效率。公司招人讲究性价比，说白了就是你能否用你特有的认知，解决别人解决不了的问题。

正所谓"认知不变，结果不变"。拥有迭代自我的意识和不断改变的认知，才能持续给自己和公司带来效益。我不是制造焦虑，而是鼓励各位走出舒适圈，像海绵一样吸收，拥有不同的背景知识，为自己的持续成长积攒底气。

像海绵一样生活，是像海绵一样拥有强大的吸收力，吸收智慧并形成自己的核心竞争力；像海绵一样生活，甭管它是湿的还是干的，攒足了底气，拧干了才有强大的复原力。我们在吸收的过程中可能会遭受挫折，感到恐惧、悲伤，甚至羞耻，可能会忘记初心，变得扭曲、膨胀。

因此，底气过足时，就得找个明白人，替自己挤挤海绵里多余的水分。当然，也要时不时地在阳光下接接地气，晒晒海绵里因人云亦云而滋生的"细菌"，然后如海绵一样，恢复自己原本的模样。

第 8 问：你以后想成为什么样的人？

答：我还是想成为我自己——狂热地追求生活，深情地热爱自己，温情地疗愈人生。

卡伦·霍妮说："我们一方面希望统治一切人，另一方面又希望被一切人爱；一方面顺从他人，另一方面又把自己的意志强加在他们身上；一方面疏远他人，另一方面又渴望得到他们的爱。正是这种完全不能解决的冲突，控制着我们的生活。"这种冲突也阻碍着我们成为想成为的人。

拿这本书来说，做市场的朋友问我希望它销量如何。我想说，对于销量没有期待，对于内容用心对待。

按我妈的话说："这本书会大卖，除非没人买。"这话我竟然挑不出一点毛病。

第 9 问：想和 10 年后的自己说什么？

答：没想好。很期待。未完，待续吧。

涵煦
宠爱自己

挫折、苦痛可以让人成长。

人类的智慧包含在"希望"和"等待"两个词里。

人的脸就是一张有故事的地图

> 生活中只有一种英雄主义，那就是在认清生活的真相之后，依然热爱生活。

> ——罗曼·罗兰

无处安放的童年

我在大院里度过了一段"人见人爱"的日子。因为父母经常出差，所以李爷爷家、魏爷爷家、很多位干爸干妈家、叔叔阿姨家，还有一些已经失去联系或者去了另一个世界的大大、大妈家，都是我童年成长的地方。

我在两位爷爷家度过了童年最快乐的时光，享受到了如"公主"一样的宠溺——当然不是说其他家庭对我不够有情分，而是因为后来在其他叔叔阿姨家时，我到了上小学的年纪，受课业和各种现实因素的影响，不再只有童年纯粹的快乐了。

在李爷爷家的故事得从我不会说话时讲起。妈妈和爸爸有时一起出差，一走就杳无音信。李爷爷的第二个女儿——我习惯称她为"珍姨"，于童年的我而言，就是第二个妈妈。珍姨要上夜班，那个时候刚会说话的我总是期盼她能晚点走或者早点回来，每次都会抱着她的大腿说："巾姨（即珍姨，因为牙齿没有长全，说话总是口齿不清），晚点走，再抱抱涵涵行不行呀？"珍姨那时候刚结婚，姨父长期被外派，她把上班之余的时间都给了我。

她和姨父每次国际长途通话和写信也都在讲我的故事。30多年过去了，她说她现在和姨父开玩笑时还常会用我小时候的口吻，比如"我要喝水，我要吃饭"。她说，在她的人生里，和我相处的日子让她记忆犹新。我想，这就是我们经常说的"本真"——爱的本真，对于情感的相互依赖的本真。我问珍姨为什么会印象深刻，她说感觉自己当年没有被谁需要过，而我的到来，让她突然感觉自己当时是独一无二的，是被需要的。我们就这样成为彼此生命里很重要的存在。

听珍姨说，有一次我长牙把她咬疼了，她指着胳膊上的牙印说："涵涵，你属小狗的吗？"我特别认真地回答："不，珍姨，我许（属）猪。"珍姨说，我那种真实、单纯的眼神和表情她一辈子也忘不了。这让我联想到我们经常说小孩子的世界是干净、纯洁无瑕的，如同一张白纸，等待着这个世界教他们渲染色彩。而成年后，我们不敢再轻易对周围的人和事用情过深，也许因为怕受伤，也许因为太要强，也许因为累了倦了，尤其是经历的事情多了，明白了一些人情世故，也会体会到有时和颜悦色的背后是一场等价交换。

这就是成长带来的残酷，小时候磕了碰了第一时间就得让周围人知道，一点故事都想放大千倍让周围人关注；长大了，就算心里已经掀起了惊涛骇浪，也不再渴望让谁知道。因为同情和给予是情分，淡然处之也是本分。

后来珍姨怀孕了，我有了小弟弟，妈妈说珍姨不能再独宠我了。4 岁的我懵懵懂懂，唯一明白的就是心里有些"小嫉妒"，但表面上呈现出来的，依旧是作为姐姐的大度，将好吃的、好喝的都留给新的小生命，还会带他玩耍。

后来妈妈悄悄告诉珍姨，说我失落了很久，直到上了小学才慢慢释怀。现在回想起来，那种感觉和现在家里有了二胎的孩子的感受是大同小异的：家里突然有了一个新的生命，父母甚至爷爷奶奶的宠爱被分散了。大宝最在乎的就是爸妈的爱和陪伴，而家里人对于二宝出生后的有求必应，有时会给大宝带来落差和压力。而我童年时，虽然心里知道珍姨怀孕了不能抱我，但每次还是会用博眼球、求关注的方式抱着珍姨的大腿哀求："就抱一下行不行呀？"珍姨每次都不忍心，但之后我就会被我妈连哄带骗地带走。

儿童心理学里有一个理论表示，孩子 0—3 岁时会觉得身边的人都应该为他服务，3 岁后需要有父母的正确指引，才不会以自我为中心。

在魏爷爷家的日子是从珍姨怀孕后开始的。那个时候，爸妈的工作还是很忙，魏爷爷家有一双儿女，虽然比我大出十几岁，但还是弥补了我作为独生子女无人陪伴的遗憾。爷爷的新制服谁都不能碰，更别说沾上灰。爷爷常把我举过头顶，虽然我每次小心翼翼，可是胖胖的我难免会碰脏爷爷的裤子，爷爷每次都是一边说着没事，一边赶紧把灰拍干净。

长大后，每次去魏爷爷家，我都会帮奶奶一起给爷爷整理制服。爷爷家的哥哥很疼爱我，把第一年工资攒了下来，给我买了一个碧眼金发会唱歌的娃娃。在那个年代，这就好比限量版的潮货，很多小朋友都排着队来我家里玩。我每次都大方地给我这些小姐妹玩，嘴里还会嘚瑟："这是我哥哥买的。"

那时我最喜欢和魏奶奶一起去医院上班，我像个尾巴一样跟在奶奶后面。因为第二天问诊的病人很多，根本没有时间当天准备午饭，奶奶头一天会把饭菜放在铁饭盒里。

我总觉得，奶奶做的盒饭是那个年代最珍贵的午餐。长大后，即便四处去吃美味佳肴，我依然怀念大院的食堂和奶奶做的盒饭的味道，我想，这就是难忘的童年味道。

2013—2016 年，两位爷爷和哥哥永远地离开了我，因为当时身在海外，我没能见他们最后一面。如果可以，我想我一定会告诉他们："我很好，我已经有了自己的家。谢谢你们在我童年时给予我足够的爱，让我学会了去爱自己和身边的人。"

⊿ 一个吃过百家饭的人

因为父母常年要出差，家里外公外婆、爷爷奶奶身在异地又年事已高，不可能照看我，所以我很小的时候便开始上寄宿学校，节假日也是在大院里的叔叔阿姨、爷爷奶奶家吃百家饭度过的。

听我妈说，每次他们夜里接到任务要离开家时，我都会提前很久就开始上演"涵式哭爹喊娘"的戏码，一把鼻涕一把泪地在小床上磕头并且念念有词："可怜可怜小涵涵吧，妈妈别 zhou（走）呀。"

我妈也是从那个时候开始变得最怕出差、最怕听见孩子喊妈妈的。我想也是从那个时候开始，我得了一种叫作"机场症候群"的心理毛病。后来长大，我才慢慢了解，其实每个小孩在童年时都会有皮肤饥渴症，也会因为没有得到相应的爱和关注而失落、自卑。也是从那个时候开始，"必须做一个乖孩子"的思想在我心里烙下了深深的印记。

妈妈每次离开家时都会嘱咐我，到了别人家要记得多干活、少说话，再爱吃的东西也不能贪吃。虽然他们每次都会把生活费留给各家各户，我也在这些邻里间度过了很有意思的童年，但是寄人篱下养成的高敏感和讨好型人格，塑造了我整个童年生活。

在我的潜意识里，别人的感受永远是首要的，我会时刻保持高度敏感，体察对方的情绪变化，适时适度地做出相应的反应，调动自己的同理心。也正因为拥有敏感体质，我对周围的一切都有着很强的洞察力。不得不说，这对我而言既是痛苦的，也是幸福的。痛苦是因为太过敏感"伤人伤己"，幸福是因为这份敏感的天赋让我在内容创作上更容易看到事物更深层的含义和背后的逻辑。

每个家庭都有不同的故事，小朋友最原始的攀比大多是从炫耀父母开始的。《增广贤文》有言："贫居闹市无人问，富在深山有远亲。"这种感觉在我童年记忆中拼凑成一块拼图：如果没有父母"负重前行"构建的邻里关系，大概谁也不愿意家里多出来个"小客人"。

当然，我从未质疑过"百家饭"中真情的诚挚，但是这些经历让我早早体会到社会的真实感。我想也正因如此，我妈每次出差回来都觉得要想尽一切办法弥补我，除了用图书让我得到精神世界的满足，吃也成了我和我妈之间保持亲密关系的"沟通桥梁"。

△ 吃成了一个胖子

20 世纪 90 年代初，北京一家洋快餐开在了王府井。那个年代，谁家要是能带着孩子吃一顿洋快餐，那就算是深爱孩子的体现。没人告诉你它们高油高脂，家长们省吃俭用带着欢蹦乱跳的孩子，用满满的爱和脂肪来丰盈我们的童年。

回头想想，我可没少为快餐界提升"软实力"增砖添瓦，因为父母频频出差，我经常可以提出这种"请求'碳水炸弹'轰炸"的无礼要求，每次也做到了嘴下不留情的豪爽。

依据我妈的回忆，11 岁时，我一顿洋快餐已经可以吃下三个大人的量。

虽然我一再谦让，但我妈和我爸还是舍不得吃一口那些诱人的食物。在众目睽睽之下，我轻松吃完这些食物，不乏有人质疑我是不是"亲生的"："这是你们的女儿吗？你们夫妻俩挺好看的，这孩子怎么这么胖？你们不能再让她吃了。"

这些叔叔阿姨批评过我父母之后，会再教育自己的孩子两句："你可千万不能吃这么胖啊，你看这么胖以后怎么嫁得出去啊？"其实我挺理解当时父母的心情，让我随心所欲地吃似乎能弥补他们内心对我的亏欠。

也是从那个时候开始，我自愿加入了胖子的行列，12 岁的时候已经 116 斤了。

我一直坚信：每一个胖子都是一只绩优股。

父母在此期间也努力让我加强锻炼、合理饮食，但是任何一个胖子，都不是一口吃出来的，我们的脂肪都经历了数载寒暑的反复堆砌。

就算家人对我三十六计软硬兼施，我在胖子界仍然"岿然不动"，保持着一贯的地位。

初二那年，我的体重达到了 126 斤。某天，我被同学踢飞的足球砸中太阳穴，造成中度脑震荡，住进了医院的儿科。因为我妈那个时候外派，于是照顾我晚上洗漱的重担便落在了父亲的肩上。

因为儿科病房与产科病房连在一起，所以我们要共用一间盥洗室。洗漱时旁边走过来一个阿姨，因为没有看见我的正脸，看我穿着成人型号的病号服，结合我壮实的背影，以为我刚结束分娩还没有出月子期，看见我爸给我接凉水洗漱（晚上水管里只有冷水），张口便斥责道："你这老爷们怎么这么不懂事，媳妇刚生完孩子，你怎么能让她用凉水？"

我和我爸都有点蒙，等我吐了口中的水，抬起头时，阿姨看到我稚嫩的脸，尴尬地说："原来是个小胖子呀，那个……对不起呀，不过你得减减肥了。"

你们一定认为这次的乌龙事件会坚定我减肥的决心，其实不然，我继续在豪吃这条路上乐此不疲。直到高三毕业那一年，我才下定决心要开始减肥。随后依靠锻炼和控制饮食完成了一个月瘦 25 斤的纪录。之所以能瘦这么多，第一是因为基数比较大，所以很容易掉秤；第二是因为营养不均衡，掉的都是水分。事实证明，这个方法很不可取，在这里我不提倡各位在减肥路上走冒进路线。

难以承受的嫉妒恶意

见不得别人好是一种人性之恶。嫉妒源于比较带来的痛苦，自己有的从来不珍惜，"得不到的永远在骚动"。

我第一次感受到这种恶意是在初中上寄宿学校时。

△ 在寄宿学校遭遇霸凌

小学毕业后，我进了一所寄宿制学校。

学校采用半封闭、半军事化的管理。每天早上 5 点半，伴着起床铃声，我们将被子叠成"豆腐块"，并在 6 点准时出操，6 点半唱歌进食堂……

我们是学校招收的第三批学生。这一批孩子大多家境优渥，而我算是最普通的无名小辈之一。进入寄宿学校后，我第一次感受到隐形的贫富差距、阿谀奉承、权力比拼和丛林法则。古人常说"穷生奸计，富长良心"，家长们应该也希望让孩子生活在纯洁的环境中。让他们没想到的是，富长良心却避免不了"富生嫉妒"。

在过去很长一段时间内，我都不太愿意回想这段生活。甚至在我曾经不成熟的观念里，我一直认为有这种遭遇是因为自己不够好。如果你看到了这里，如果你有过和我一样的经历，或者你的孩子正在经历，那么首先请允许我隔空给你们一个大大的拥抱，因为你一定不是个差劲的人，你身上一定有独一无二的特点。而那些欺负你的人，在很大程度上是嫉妒你的与众不同。经年累月，这些嫉妒变成了恨，他们因为模仿你的生活方式未遂而恼羞成怒。

他们开始嫉妒你，只能说明一点，那就是他们自卑了。

有人说你一个胖子有什么值得别人嫉妒的？你千万不要小看一个存在某些生理缺陷或体态异于常人的人，我一直坚信，上帝给你关上一扇门，就一定会为你打开一扇窗。我这不是凡尔赛式的自夸，但的确我们这些人大多拥有善良的心。

不要小看任何一个孩子，他们身上的潜能超出成人的想象，这里也包括人性中"恶"的一面。

我当时是个被孤立、被排挤的胖姑娘，但比减肥更让我煎熬的，是猝不及防的霸凌。

半军事化管理的寄宿生活，让我这样的乖孩子得心应手，也招来了"异己"的排挤。

我的"好易通"不翼而飞，补习班的卷子经常在厕所里找到，更可怕的是，我还被扣上了偷窃一模试卷的名号，被老师约谈。

我突然意识到，原来有些莫须有的罪名可以被随意叠加在一个无辜者身上。

初二某天晚自习后，隔壁班一位和我一样遭到排挤的女同学给我写了一张小纸条，我才终于知道自己受霸凌的起因是我在初一的班长竞选中胜出。

班长选举后，发生在我身上的怪异事件接二连三：我的被子里经常出现缝衣针等尖锐物品，我的生活物品总是不翼而飞，内衣裤丢失更是家常便饭。

曾经的好朋友慢慢疏远我，连我进食堂吃饭时都像自己身上携带了病毒一样遭人嫌弃，一人包桌成了日常的惯例。

最夸张的一次，当我走到食堂的桌子前，居然发现香蕉皮、橘子皮、吃剩的骨头出现在我还没有用的餐盘里。

对于本就敏感的我而言，那时的感受就是"生不如死"般的煎熬，我试图走近真相，想弄清楚原因，甚至"讨好"地给好朋友打扫卫生、写作业，可我付出任何努力都是徒劳的。我被孤立，成了没人理的班长。

13 岁，我生平第一次意识到世界如此滑稽且真实，一群原本天真的孩子会失去童真的立场，也可以让道德底线一再失守。

更让人心寒的是当时班主任的态度。对于我的遭遇，这位老师是知情的，但当他得知另一个班长候选人家庭显赫时，他选择对我的遭遇睁一只眼闭一只眼，反而关照维护这位女同学。

因为竞选班长时的"冒犯"，我经常被点名批评。我在课上被老师边缘化，被告知"你这科一辈子都没有希望了，你可以在课上写英语作业"。

那个时候，对我而言，所有学好这门学科的信念都崩塌了，对那位老师所教授的科目仅剩的热情和信心，也在不被认可中被消磨光了。

有一次开家长会，这位老师特意和我母亲说："这孩子天生就没有理科天赋，你还是让她往文科方面发展吧，以后课上她可以去看别的科目的书，我不会干涉。"好在母亲并没有因此放弃我，一面鼓励我，一面让我继续查漏补缺。

在那位老师的"运筹帷幄"下，我终于因为"理科成绩不好"，没有在初二那年当上班长，另一位女同学则毫无悬念地成了班长，而那位老师也获颁荣誉。

△ 绝地反击，为自己发声

寄宿生活，除了让我见识了离家生活中残酷的一面，更重要的是教会了我永不拿别人的忍让当作放纵的资本，而任何得寸进尺的行为都需要适度有节的反击。

初二下学期的一个周末，轮到我担任值日生，负责检查每个宿舍的卫生情况。

那天晚上，我像往常一样回到自己的宿舍，当我打开柜门时，我发现自己的洗漱用品以及周末带来的衣物又不翼而飞了。说实话，这已经不是第一次了。在这将近三年的寄宿生活中，因为长得胖、当班长，我经常被排挤，洗漱用品经常会被塞在被子里、丢进垃圾桶；夜里睡到一半也会有人往我嘴里灌水，看似是玩闹的恶作剧，但我需要时刻紧绷神经，以防范更可怕的事情降临到我头上。

此前，因为性格比较软弱，极度敏感，比较怕事，只好秉持所谓"多一事不如少一事"的观念，入校两年，我总是大事化小、小事化了，遇事多半忍了下来。有的时候，明知道自己被欺负了，明明看见他们拉帮结派、搞小团体、搞排挤，我也尽量假装不知。

这一次，当我看到自己的洗漱用品和衣物又不翼而飞后，我大概明白今后等待我的会是什么，我再也不能忍受这无休止的欺负了。我不明白小孩子的人性中怎么会有那么多的恶，难道因为我长得胖？我更不明白，既然我长得胖，为什么还会有人嫉妒我？当年，在完整的人格还没有形成时，一个胖子对周围又瘦又优秀的人造成心理压迫对我来说是很难理解的（现在看来，这一切无非是因为你的优秀在某些人的眼里成了一种锋芒毕露，而这种锋芒对于心智还不成熟的孩童而言，就是一种会引起嫉妒的特质）。

那一天，身体里仿佛有一个声音告诉我：我不发脾气，不代表我不生气；我不大声计较，也不代表我好欺负。如果一忍再忍换来的始终是变本加厉，我将用行动回击，我绝不软弱，"笑脸给多了，惯出来的都是病"。

我锁定了常欺负我的那几个人。我走进她们的寝室，以其人之道还治其人之身。我把她们的洗漱用品扔进了垃圾桶，拿剪刀同样剪破了她们的内衣裤……

现在看来，当初的行为十分不理智，但对于当时心智不成熟的我而言，无法再忍受不定期重复的折磨和欺负。在身体和情绪膨胀的青春期，再软弱的少年都有看不见的坚韧，再乖巧的少女也都有隐藏在内心的勇毅。

再后来，我被老师叫进办公室，从此，我被霸凌不再是秘密。

此后迎接我的，是风平浪静、岁月静好的初三生活。

余华说："当我们凶狠地对待这个世界时，这个世界突然变得温文尔雅了。"用网络上的话来表达当时的感受，应该是"人不犯我，我不犯人；人若犯我，礼让三分；人还犯我，还他一针；人再犯我，斩草除根"。

虽然我没有办法做到斩草除根，但我至少做到了"还他一针"。

我想告诉正在经历或经历过霸凌的人："你要为自己发声。如果不能向所有人发声，至少向你身边的人发出声音，告诉他们你正在经历的。"

有人一定很好奇，为什么这样的事情我没有和家长说。如果放到现在，我一定会先沟通，可当时缺乏元认知的我，只希望用一己之力扭转我在学校的局面。

环境会改变一个人的性格。如今，我不再纵容一些人的无礼行为，曾经那个沉默的我也变得伶牙俐齿。

如果你问我寄宿学校最让我受益的地方是什么，我想就是它让我成为一个更好的自己，一个就算被嫉妒、被陷害也有能力反击和保护自己的人。当你强大了，身边那些曾对你横眉冷对的人自然会变得和颜悦色。没有人会探究你长大的过程，只有你知道你在慢慢改变。在成长的过程中，你会遇到数不清的环境制约、关系制约，而懵懂的你只需要记得，任何一种善良都会在困顿、挫折中磨砺出锋芒，展露这种有锋芒的善良，你也会离"内心柔软而有原则，身披盔甲而有温度"更近一步。

△ 嫉妒的洁癖

产生嫉妒不是你的错，也不是嫉妒的错，你只是还没有学会与嫉妒相处。我记得弗洛伊德在《图腾与禁忌》中曾说，嫉妒是一种感情状态，如悲伤一样，你可以将它归结为正常的，它只是一种正常化的情绪，但是你可以自行决定它的正负与好坏。

在嫉妒的情绪中，如果你增添了正向思维，祝福他人的美好生活，期待自己的成长与进步，那么你其实是选择在嫉妒中双赢。你决定以什么样的方式宣泄这种情绪，它就会变成什么样的情绪。所以嫉妒没有那么可怕，它推动了我们每个人的成长与蜕变。你无须指责自己和孩子的攀比、妒忌行为，因为这样的"自卑"并不懦弱。

我们都是凡人，我们是因为太爱自己而害怕变成让人讨厌的人。说白了，当你嫉妒一个人的时候，其实是希望自己变成一个如他一样的优秀的人，是希望成为更好的自己。

我绝不是在替那些被嫉妒蒙蔽了双眼的人找借口，相反，我想告诉正在被他人嫉妒的人：你被嫉妒说明你足够优秀，你有继续向上生长的空间，你可以控制负面情绪，并让它们朝着你想要的效果发展。

过去想不通的，以后都会明白。别因为周围的噪声耽误了向上生长的机会。现在困扰你的，以后也都会解脱。

退无可退的时候，就什么都别想，继续往前走，别回头，每一条通往成功的路上都有一堵厚厚的"否定"之墙，而墙后就是另一片天地。

尽管你可能会受到言语和变化的制约，但只要你想，全世界都会为你助力，你总能找到目标、付诸行动，让自己变成平凡但不平庸的人。

高敏感也是馈赠

我必须承认我是一个特别敏感的人。

都说高敏感人群在这个社会上很难立足，我倒是觉得，作为一个高敏感的人，这何尝不是我们比别人多掌握的一项技能呢？

用好听的话说，敏感的人一般都很聪明。敏感的人往往是因为缺乏安全感，才会对周围的天气、温度、湿度等异常灵敏。

举个例子，因为被排挤和霸凌过，我很容易在人云亦云的环境里分辨人物的特征，条件反射地自我保护，所以遇到"攻击性"强的人时就会本能地开启自我保护模式；长大后，在人际交往中也更容易独善其身，显示成熟而不圆滑的一面。

在学校里受过欺负的孩子，看起来都比较听话，他们不是傻，也不是不会反击，我一直坚信他们有一种根植于内心的修养。他们早早就体会到了"在夹缝中生存"的感受，所以他们自我保护的意识一定比同龄人要强，敏感度也比其他孩子要高。

　　我一直认为，成长中任何特点都可以是自身潜能的折射，我们要接纳和认识最真实的自己，而不是拒绝、排斥和逃避。我们会发现，陪我们到最后的只有自己。

　　如果连我们都不能勇敢接受自己，又怎么能奢望别人喜欢自己和爱自己呢？

　　童年时被欺负的人往往不够自信，因为太知道自己几斤几两重，所以绝不会高估自己的能力。论其原因，一是不想让自己有太多期待而失望，二是想保护自己。但自信也一定需要契机和引爆点才能被触发。我想我的那种自信就是在这种最单纯的小型社会结构——校园中慢慢积累起来的。

△ 享受钝感力

　　渡边淳一写过一本书，叫作《钝感力》。有时候，我真希望自己变得迟钝一点，不要像个雷达一样，一直在搜索、在探寻，总觉得自己像蓝牙信号一样，一出门就得对接到另一个机体，才觉得自己完成了一次完整的对接；只有在独处时，才能断开与周围的连接，而这时多半已电量耗尽、身心疲惫。

　　成年人都很忙，没有人有过多的时间和精力去关注别人的委屈、尴尬，所以我们不需要对自己那点不完美耿耿于怀，别人远没有我们想象中那么关注我们的不足。

敏感的人比别人多收获一份礼物，那就是非凡的洞察力和敏锐性。我们会察言观色，知道周边发生的一切，会做出预判，比如变天前我会发作的偏头痛，成为让我提早准备的小提醒。

别人调侃我说："你也太敏感了吧，怎么可能知道第二天的天气，这纯属心理作用。"以前我每次听到这些都想站起来反驳，都想把自己的委屈一吐为快；后来，我慢慢把这当作老天的一种馈赠。

玩笑归玩笑，其实是因为生病让我产生了思维上的变化，说白了就是想从乐观的精神和积极的想法中获得一种运气。如果仔细观察，你会发现身边大多数领导者、成功者，似乎都自带一种运气。我们会说他们是幸运的，但这份幸运其实是他们在坚持不懈、刻意练习和积极乐观中获得的。经历过病痛，遭遇过不理解的我们，也会努力让自己成为乐观、积极的人。

这也像稻盛和夫先生在《心》一书中表达的，一个人内心的善良会折射到生活的每一个角落，这并非单纯的知识和文化可以涵盖的。如果说一个人的成长离不开"知识、见识和胆识"，那么我希望将"为他人着想的善良"视作这三者的先决条件。

⊿ 接纳自己

你身边有没有容易被激怒同时还爱抬杠的人？这种性格说明他在对全世界不满的同时，也在对自己不满。恐怕他内心积累了很多愤怒，而他自己既没有意识到，也没有办法平静地表达。于是在无意识中，这些愤怒的能量会蔓延，在他周围营造一种不舒服的氛围。就好像正能量和负能量在一个人的内心产生了冲突，这令他自己也很矛盾，好像有两个自己在吵架，但没有一个能够完全占上风。你要记得，想让别人接纳你，你要先学会接纳自己；对别人气势汹汹，很可能是对自己的某一部分不满意。

很多人觉得自己被孤立，甚至时常感到孤独，我想那种感觉就好似"临窗赏景昏无色，唯见幽云伴月生"。

被霸凌时我不明白缘由，以为是自己太胖才会招来恶意。很久以后我才明白，被霸凌是因为他们不喜欢你，和你什么样子没有任何关系。

就像东野圭吾所说："恨不知所起，深入骨髓，是最冷的人性。"你要明白，很多时候被孤立，不是你的错，也不是你不值得被爱，排斥你的人也并不是邪恶至极，只是你们相处的条件导致了被孤立事件的发生，所以请心平气和地接受这个现实。我知道，令你受伤的并非被孤立本身，而是那些讨厌你的人给你留下的心灵上的伤疤。这些伤疤既是一种提醒，也是一种保护，它们让你逐渐接受、慢慢放下，因为终有一天你会和我一样发现，过去的伤痛也并没有那么糟，因为它们成就了今天的你。

△ 放过敏感的自己

你是否曾抱怨自己是个过于敏感的人？

你忽略了任何事情都有两面性，高敏感的人在人际交往中往往具有极强的共情能力；因为善于察言观色，所以他们的预判能力和危机处理能力也超出常人。就像荣格说的："没有比把高度敏感归为一种病理特征更离谱的事。如果真是这样，那世界上 25% 的人都是病态的了。"

但是这并不代表高敏感不会牵绊你的未来。因为敏感的人总会想很多，事后会补充很多细节，产生各种想象，然后深陷其中，无法自拔。如果你想放过自己，可以从以下三个方面着手。

一是不要过度解读，也不要一直用"反刍式的思维"折磨自己。

二是停止讨好任何人，也要有被任何人讨厌的勇气。

　　三是尝试在第一时间把自己真实的想法合理地表达出来，不要做"事后诸葛亮"。

　　当你试图放下这些羁绊时，你会发现你的高敏感其实是老天馈赠的另一种天赋。

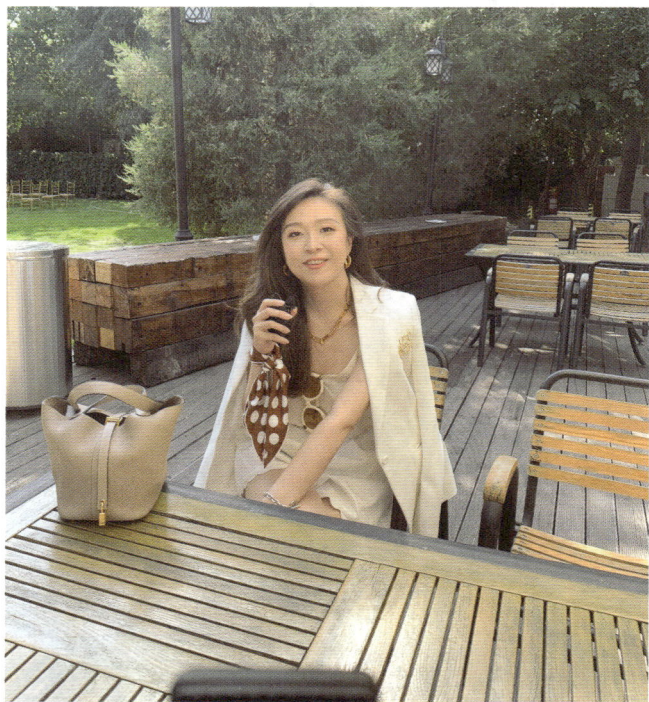

武装好自己，才能不被看不起

谢谢无时不在的病痛：活成一颗牛油果

我一直坚信，挫折、苦痛可以让人成长。

2012 年，我的人生发生了一次转折。确切地说，这一年改变了我的人生轨迹。

一天，在回家的路上，我遭遇了车祸。

两车碰在一起时，我似乎没有受到什么大伤害，只是觉得头有点晕，于是没太在意，想着回家睡一觉就好了。没想到的是，第二天清晨，我却起不了床了，头昏昏沉沉的，还呕吐不止。

后来才知道，这是外伤导致的寰枢椎半脱位。

其实这次车祸本不至于导致如此恶劣的情况，这一切还与前文提到的初中时的那场"意外"有关。

初中的一天，我经过球场时被同学的足球击中左边太阳穴，导致中度脑震荡，连续昏迷了几天，并留下了后遗症。

这次车祸可以说是雪上加霜。之后，我找了很多医生，吃了很多药，一开始，医生找不着病根，以为是抑郁、焦虑引发的不适。这些年，我断断续续看了不少医生，身体状况有所好转，但这一毛病仍无法根治。

我总和朋友开玩笑说，我的身体像一辆破自行车，除了铃铛不响哪儿都响。我患有家族性高脂血症，又有先天性的牙瘤，从10岁到现在，我没少在各大牙医诊所"秀牙口"。从12岁开始拔牙至今，第一次的牙齿矫正失败导致咬合紊乱综合征，牙骨逐渐消失，植入牙骨粉的手术就没断过。每一年，我都要在牙科诊所里度过好几个月，我听到最多的话是："这个比较棘手！这个咱们得会诊，太少见了！""这么年轻牙齿就这样，以后可怎么办呀？"听多了，我也就习惯了。

医生们总说，对我牙齿的治疗是他们专业的挑战，仿佛"哥伦布发现了新大陆"，经常让从医几十年的主任和院长一起会诊。因为看牙的频率太高，我见证了很多主治医生的青春流逝：从恋爱到结婚，从结婚到生子，从双亲健在到天人永隔。有的医生、护士离职换岗时还会笑称："流水的医生，铁打的涵涵。"

屋漏偏逢连夜雨，寰枢椎半脱位的频繁发作让我几乎成了"废人"。发病最严重的时候，我会连续半个月起不来床。上颈段的问题给我带来的困扰就是我不能切菜、不能低头捡东西，我必须调整座椅高度，让桌上的东西和自己的视线平行，我得站着办公，用脚捡拾掉在地上的东西。

虽然我努力进行着锻炼和康复训练，但因为病情反复，还是不免陷入抑郁和焦虑。

有很长一段时间，我不愿意拉开窗帘，不愿意看见楼下的人，我甚至会羡慕一只狗的生活，因为它可以低头，它可以去花丛里找寻它想要的味道，而我不能低头。

我以前很爱做运动，健身房里总有我的身影。我的体重从 156 斤恢复到正常范围，就得益于我经常在健身房及室外做运动。

∧ 颈椎手术康复治疗后，在回家的路上

可因为这一场突如其来的事故，因为这份老天给我的考验，我不得不放弃了很多自己喜欢的运动。寰枢椎的问题会影响枕大神经和枕小神经，导致前庭功能出现紊乱和失调，我会经常出现梅尼埃病的症状，也会出现偏头痛。

有很长一段时间，大家都以为我是心理原因引起的机体问题，因为片子显示身体在慢慢好转，那为什么我还会因为刮风或温度变化而像天气预报似的出现头痛现象呢？我自己也产生了疑问和怀疑。犯病的时候，有些不负责任的医生甚至会直接给一个"精神病"的诊断书。直到我遇到 L 医生，他告诉我，我遇到的一切都是正常的生理反应，是因为身体出现了状况。

在很多医生看来，天气和食物会引起偏头痛，但是并不排除我受到了心理的紧张因素和焦虑因素的影响。病情带来的焦虑情绪会进一步触发偏头痛、神经痛等一系列问题。我必须慢慢减少摄入会引起偏头疼的食物，比如芝士、巧克力、柑橘、红酒、葡萄、腌制食品等。

在十几年的时间里，很多人总会跟我开玩笑说："你活着还有什么意思？很多食物你都不能吃，人生少了一半的乐趣。"的确是这样。有很长一段时间，我不敢出门，不想化妆，不想见人，甚至把自己封闭在一个狭小的空间里。我请了一个月的假，单位的同事以为我遭遇车祸以后身体需要慢慢恢复，他们不知道，我需要很长的时间对心理进行复健和调整。

一个人走过了将近 30 年的人生，突然间，习惯了的东西变得不一样了，可以做的事情也变得不一样了。有一个夜晚，毫无征兆的病痛发作让我又一次无法起床，不得不整晚用尿不湿。于我而言，没有什么比失去优雅和尊严更让我难受的了。

而那一年我还不到 30 岁。

我从来没有想过我的人生会从此迟滞。

我纠结、挣扎、抱怨，甚至觉得全世界的人都比自己幸福，因为他们可以作为正常人活着。

一次生病给了我足够的时间待在床上，我得以思考 30 岁之前的人生，思考那些肆意妄为、视一切为理所应当的过往。哪怕出个门、低头系个鞋带这些当时看来再平常不过的事情，放到现在都是那样的奢侈。

历时很多年我才走出病痛的阴霾，其间从书籍和思考中获益良多。病痛折磨让我从痛苦中领悟成长的滋味，所以我才说，人一定要活得像一个牛油果，如果你有坚实的内核，永远知道自己想要什么，你才不会被一场疾病或一次意外打倒。如果我们像洋葱，就会因为没有内核而步步退缩，直到自己被打败。

所以过来人才会说，我们要多读一些关于生命、关于哲学的书，因为它们会像一座带在身上的避难所。当你遇到突如其来的变故时，它会护你周全；它也会让你在经历创伤后，重新鼓起勇气面对生活。

《生命的探问》一书的作者、出生于奥地利的心理学家维克多·弗兰克尔在集中营里经历了未婚妻、父母的死亡，他失去了亲人，失去了自由，遭受过饥饿、死亡、恐惧等痛苦的威胁，但这反而塑造了他坚韧的性格。

虽然我们都不愿像弗兰克尔一样遭遇这样的人生骤变，但对我而言，病痛让一切熟悉的东西都发生了改变。这种感觉反而激励我像第二次拥有生命一般生活，在任何情况下都表现出独特的坚韧。

△ 做有内核的人

前面提到，我们要活得像一个牛油果，有坚硬的内核，有恒定不变的坚实核心。不管外界如何风雨飘摇，我自岿然不动。很多人希望自己是颗牛油果，却不由自主地活成了洋葱。这就像武志红老师说的，洋葱型人格的人，你一层一层地剥开，会发现其没有内核。

一个人之所以没有核心自我，是因为在成长过程中，他从主要养育者和周遭环境中得到的大多是消极负面的反馈，慢慢形成了"我是不好的""我不值得被爱"这种低自我认知。

而那些牛油果型人格的人基本上做到了不认同、不期待和不自我攻击——你表达你的，我相信我的，大家只是观点不同而已；我能够自我认同，所以我不指望获得你对我的认同。

当你能接纳自己、不攻击自己时，别人的攻击就变得无效了。生而为人，我们不仅需要一点锋芒，在面对无端欺凌时，还适度需要一些攻击性。就像欧文·亚隆说的："你也许不能成为更好的自己，但可以更好地成为自己。"

在我看来，看病是需要认知的。别钻牛角尖，别想着"痊愈"，别老拿当初健康的自己来打样。这可以从两个方面来说。

第一，对自己的病情有知情权，但不能用自己的业余挑战医生的专业。很多时候，人们容易被错误解读的片面认知吓得心情沮丧，对周围的一切都不再感兴趣。

第二，把"希望痊愈"的期望值调低一些。一旦想要看完病就恢复"原厂设置"，看病的过程就一定会有"我怎么老好不了"的委屈，进而可能转化成对亲朋好友及他人的怨恨。要想着，在治疗的基础上向着正向发展，就算是好事了。

于我而言，病痛更像一种自我思考的方式，引导我提升自己的认知。

△气场与情绪复原力

我们经常听到有人抱怨自己气场不强、霸气不足、掌控不了全场，还有人认为只要把美貌和才华看作系数，再乘以智慧、性格、阅历、学识，最后得到的就是气场。

在我看来，气场不仅仅是霸气，还包括你对周遭环境的把握程度、你的言谈举止和你对心理较量的控制能力。

身体有伤口时，我们有修复的能力，因为这是身体的本能。当心受伤的时候，当我们觉得自己没有爱人的能力时，当我们再也不想去信任别人时，我们体内也会有一种强大的能力，它会让我们不被逆境打压，不因外界的质疑而否定自己，让我们在不断变化的生活里始终保持平衡。如果你对此不太明白，那我送你9个字："任它在，随它去，让它来。"

学着把自己的情绪当作故交挚友，当它心急火燎地敲门时，我们不妨从容地迎接它，用粗茶淡饭招待它，待它平静后任它悄然离去。

△ 自我认可，降低内耗

你有没有这样的体验：就算一天什么也没做，还是会觉得很累？说白了，你的内耗从来没有停止。其实完成一件事情本身或许并没有多累，但你因担心而提前消耗了做这件事的能量。你在心里预演这件事所有可能出现的负面结果，再下定决心、鼓起勇气开始去做，这个阶段消耗的时间和能量就足以让你筋疲力尽了，因此，你做这件事时会带着消极的心态，随之而来的就是先拖延、再自责的恶性循环。

用杨绛先生的那句话形容就是"你的问题在于想得太多，而书读得太少"。

"识不足则多虑，智不足则多疑，度不足则多怨。"当一个人见识不足时，就会过度担心很多事情，没有安全感；当一个人认知不足时，就会对很多没见过的东西半信半疑；当一个人格局不够时，就会整天抱怨和哀叹；当一个人内耗严重时，他需要学会自我认可，学会走出行动前的临界状态。

就像维特根斯坦说的，房间的门并未上锁，只不过它是向内打开的。一个人如果总是向外推，没有向内拉，他就会被困在这个没有上锁的房间内。

等待

+

接受

+

改变

+

放开

=

成长

Caroline > > > >

勇于折腾：真正的臣服

冯唐写过的一段话我很喜欢："想要姿态优雅地在这个世界兴风作浪、遗世独立、岁月静好，女性必须吃苦耐劳、自强不息。"

"功名之地，自古难居。"无论在哪个平台，人们看到、听到的，大多是碎片知识，大多是在娱乐过程中学点碎片知识丰盈自己的知识体系，在娱乐过程中找寻一份提高生活质量的能量。

总体来说，我的风格是言辞犀利，略带中性，有人认为我是新知女性的代表。说白了就是嘴巴比较损，问题看得比较准。

"世间好物不坚牢，彩云易散琉璃脆。"我们都在努力创造新的文化，新的文化一定不会再把女性话题禁锢在生育绑架、年龄歧视、容貌焦虑等方面，而更多的是提倡女性经济独立、成长、自信。

"风俗之于人之心，始乎微，而终乎不可御者也。"拥抱知识，让你我拥有更多的可能。

女性要在平等的社会优雅地"兴风作浪"、岁月静好、自强不息，中性的性格必不可少。

管好自己的内心，敬畏头上的星空。总有一天，女性能打破性别的刻板印象，真正拥有安全和自由。

◢ 真正的臣服是自我的消失

"命是爸妈给的，珍惜点；路是自己走的，小心点！"

人们都说，幸福的家庭都是相似的，不幸的家庭各有各的不幸。我们是否思考过不幸的人都是相似的，而幸福的人各有各的幸福呢？不幸的人总在走别人走过的路，而幸福的人都在找自己的路。

《菜根谭》中说："路径窄处，留一步与人行；滋味浓处，减三分让人尝。"回头看看我们走过的路，我们总在谁对谁错、谁是谁非中纠结，总觉得谦卑、臣服就是低人一等，却不曾意识到，"只有真正有力量的人才能臣服，因为软弱的人没有任何可以放弃的东西"。

真正的臣服并非表现为自我的跪拜，而应是自我的消失。

因为臣服，所以放下了挑剔与评判；因为臣服，所以放下了执拗与评估；因为臣服，才有机会放宽眼界去看世界；因为臣服，才会不再甘愿雾里看花；因为臣服，才有机会享受当下。

更因臣服，我们得以抬起头，看到一切已经遵守"完美秩序"。

△眼里有光，兜里有钱

有人问：什么是幸运？

在我看来，做自己喜欢且擅长的事情，在给其他人创造价值的同时自己也能收获回报，这将是最幸运的事。

人类的智慧包含在"希望"和"等待"两个词里。

《基督山伯爵》中提到，终有一日，你会赚很多很多钱，但这并不代表你真的学成了。什么时候算学成？是当你在赚到钱的时候并没有欣喜只是想哭，因为你知道自己赚的每一分每一毫，都是因为自己付出了别人不愿付出的，忍受了别人无法忍受的，到那时，你会知道你值得。

愿你眼里有光，兜里有钱，历经山河后仍觉得付出一切都值得。

△脸上透着努力的回报

"人的脆弱和坚强都超乎自己的想象。"

女人的容貌终究是禁不住时间考验的，经得起岁月考验的唯有离开谁都能活得精彩的物质底气、宠辱不惊的内在品质和经岁月沉淀的独有的气质。有人说："女人 30 岁以前的容貌靠父母，30 岁以后的容貌靠自己。"你的脸上不仅藏着你的遗憾与期许，而且透着你的努力与回报。

多年前看过有人就"人生究竟有什么意义"采访周国平老师，他的回答是："人生的意义一部分是纯粹自我的感受，一部分是爱自己和被人所爱的感受，还有一部分是社会和他人的感受。"

如果有人说我是一个自恋的人，我一点反驳的能力都没有。我是个挺爱臭美的人，什么电梯门、反光镜，只要路过能看见自己的地方，我都得回个头。

我用将近20年的努力防止自己变成"自恋的人"，但失败了。

这话得从我2岁时说起。都说三岁看老，从一个人儿时的举止中或许能看到他未来的眼界、心境、格局和追求。

我的爱美之心是从小时候看见裙子的一瞬间被激发的，它为我30年以后的衣品奠定了坚实的基础。据我妈说，2岁时，我就经常拿着我们"80后"特有的彩色毛巾做成的裙子往头上戴，然后摇摇晃晃地去找所有可以看到自己的物体，包括镜子、玻璃、反光镜、雨后地上的积水，估计就差撒泡尿照照自己了。

玩笑归玩笑，虽然臭美，但我更知道我们女人的人生绝不应该只纠结于自己的胖瘦美丑。年轻时，我们没有什么可留恋的回忆，所以就拼命展望，等到了一定的年龄，便会领悟回忆的可贵。

两度斩获奥斯卡最佳女主角奖的弗兰西斯·麦克多蒙德说过："人的脸就是一张有故事的地图，皱纹是，双下巴也是，改造会使其失去原有的路线。"

对于此话，我是极为认同的。

我们无法一眼看穿任何人的内心，却可以由脸观心，由一个人的面容得知他的品位，从他的品位推断他的性情。

"比起容颜不老，我更愿意用身体机能和外貌的退步换取智慧，这才是一笔划算的买卖。"高级脸是岁月也无法过多侵蚀的艺术品，同时，岁月也不会偏爱那些本身没有追求的灵魂。

优雅是女人身上最不怕衰老的特质，因为这样的特质里包含一种善意的糊涂。这是一种态度：即使看穿了别人的不堪和无奈，却依然选择不动声色，让对方体面又舒服。

体面不仅仅是外表干干净净、内心清清爽爽，体面也是有余地的从容，不逼人太甚，也不逼己太甚。体面更是人生的一种底线，即使看到了对方的狭隘，也不要因为自己的高明而咄咄逼人。因为恰到好处的糊涂，是阅历的体现，是为人处世的高级智慧，更是女人内外兼修的证明。

奢侈的永远不是价格，而是你我生活的态度。当我们以庄重的态度去面对生活里的选择时，我们高贵的品格才会得以彰显。

希望我们每个人都可以通过改变生活状态，变得优雅、自信，从而确定自己理想的生活态度——有人爱，有事做，有期待。

人的底气：活着必须努力

我看过一个问题："为什么现在的年轻人连一万元都掏不出来，却觉得一百万元很少？"有人说："哪有什么选择恐惧，还不是因为穷；哪有什么优柔寡断，还不是因为怂。"其实"漂"在大城市又想扎根的年轻人，真不是看不起这"一百万元"，而是"一百万元"离他们的生活有些遥远；再加上"自救式消费"——一面告诉自己要存钱，一面因为工作太累，想花点钱犒劳自己，于是就在"存钱得安心"与"花钱买慰藉"之间纠结，感觉是拿着自己的钱施舍自己，为得到一些奖励而活着。所以他们隔三岔五换个手机、买件奢侈品、吃点好的，到最后"兜比脸都干净"，存一万元对他们而言似乎太难了，而买房子、养孩子更是力有不逮。

若不想为钱卑微，就得少一点矫情，多一些努力。养活自己的能力、独立自主的人格和让自己安心的资产余额，才是我们最大的底气。

⊿ 安全感是对自己和外界的认知

安全感到底是什么？在我看来，它代表对自己和外界的认知，说白了就是"我能不能行"及"外界有没有对我产生威胁"。这当然映射着一个人内心是否强大。

"人生的安全感，其实来自充分体验人生的不安全感。"

基于此，我们可以从两个方面强化安全感。

一是尝试面对那些我们不愿面对的事情，比如来自亲人、老师、上司的批评，以及不自信的自我认知（我很丑、我不行、我很胖）和自己的缺点等。

二是明白任何不安全感都是解决自己问题的机会。

对此，我们要学会自我肯定而不是期待别人的肯定；学会与过去和解，别让过去的自己羁绊今天的自己，也别让未来的自己讨厌现在的自己。长此以往，那些不安全感就会成为成就我们、让我们拥有安全感的机会。

没有人可以向生活讨价还价，所以活着就必须努力。希望我们平时要有骨气，低头要有勇气，抬头才能充满底气。

⊿ 做强女人，不做女强人

内心强大究竟是什么？

我不喜欢一上来就给自己贴"大女人"的标签。在我眼里，"大女人"有自己的理念和价值观，有为别人着想的善良，在饱尝生活的酸甜苦辣后仍然保持自己的风格，可以独当一面，也有女人应有的温柔和委婉；不用依附于谁，心中充满责任和对生活的热爱，愿意寻找风雨过后的美好。

而内心强大的女人，绝不是不哭不闹、不食人间烟火、雷厉风行、不需要任何人保护的女人。一个真正内心强大的人不会惧怕自己的弱点，会迎难而上，因为单枪匹马地应对难题有助于我们发现自己的软肋，而直面软肋也是我们从单枪匹马到千军万马的发展过程中最艰难的一步。内心强大一直是我希望自己成为的样子，但是我必须承认，我不是从一开始就是个内心强大的人。

二十多岁的时候，我不敢面对自己的不自信，会特意掩饰自己的不自信。每次有人忽视自己或表现得不太热情的时候，我的自卑情绪就会从心底升起，随之而来的就是脾气暴躁、言语犀利。仔细想想，好像自己从未接纳过自己，反而一直在用坚强的外表掩饰内心的脆弱。

朋友们曾经用 sharp（锐利的）这个词来形容我，我一直以为是形容自己很有个性、很有棱角，但其实这是一个让别人不舒服的代名词。职场里的 sharp，也许是有用的，它可以让你在竞争激烈的环境里更好地保护自己，也能为自己的雷厉风行找到一个很好的借口。

但在生活中，如果没有及时转换位置，切换为妻子、女儿、母亲甚至闺密的角色，sharp 的性格就会让人变成强势甚至霸道的存在。回过头看看之前自己如同刺猬一样的状态——内心柔软却故意用盔甲遮掩，那一定不是自己喜欢的样子。

很多女性希望成为女强人，却忽略了自己内心的成长，我们可以试着问问自己："女强人是你想成为的样子吗？'女强人'这个词对你有怎样的吸引力？你想通过这样的标签使自己成为一个怎样的人？你是否会因为这样的标签而回避自己的弱点？"

我记得很多年前看《功夫熊猫》的时候，很喜欢里面的一句话："命运只负责洗牌，玩牌的是我们自己。"（One meets its destiny on the road he takes avoid it.）无论你生在怎样的家庭，无论你经历过怎样的境遇，你都可以成为你想要的样子，前提是你不能忘掉自己的弱点，因为直面弱点是成为更好的自己的条件，提醒我们要更有勇气面对生活中的种种。

我很想对心怀大女人梦想的后辈们说，这是一个非常美好的追求，但这个梦想离不开眼界和格局。梦想决定了我们能走多远。然而，无论梦想有多大，都别失去我们本真的心。

这份本真是一种少女感的保留，无关年龄，无关阅历，是对万物抱有好奇的纯粹，也是一种对自己的释怀；这份本真会有"尽人事，听天命"的随性，是不与自己较劲，不与别人攀比，尽情努力、热情生活的态度。

做一个具备核心能力的"完整的人"，这是对下一代的培养目标。这个目标对我们成年人，尤其是成年女性的成长同样有效。

做完整的人，不等于做一个完美的人。因为"完美"是"破灭"的邻居，而"完整"是指探索各种可能，不自我设限、压抑自己的潜能。

爱尔兰作家奥斯卡·王尔德写过一句话："爱自己是终身浪漫的开始。"

怀揣本真的心，不失浪漫地爱自己，是迈出舒适圈、探索新领域的胆识，是保持热情并丰富自己底蕴的知识，是拒绝人云亦云、坚持独立思考的精神，是面对喜乐与悲伤时重新塑造自我的认知，是无论身居何处仍坚守的善良和社会责任，是撕掉世俗标签、健康勇敢生活的态度。

⊿ 阅读让我们成为更好的自己

"世界上任何书籍都不能给你带来好运，但是它们能让你悄悄成为你自己。"

从 10 个粉丝到今天，我因读书和传播知识结识了众多朋友，阅读让我们成为更好的自己。

不仅如此，就像杨绛先生说的："年轻的时候以为不读书不足以了解人生，直到后来才发现，如果不了解人生，是读不懂书的。"

读书不仅让我成为更好的自己，也让我对人生的诸多经历有了新的感悟，它们和书中的知识相互印证，互为补充。

读过的那些书塑造了我们的价值观、世界观，也会带给我们很多不同的思考，我们可以始终保持清醒的状态，修补和精进自己。

就像周国平老师说的："每个人其实都是这个世界的井底之蛙，只是读书可以让井口扩得更宽一些。读书也是一遍遍打碎自己并重建的过程。你会毫不留情地推翻过去的自己，开始寻找一个新的自己，但之后又会再推翻，再将自己打倒在地。这个过程很痛苦，但经历过你才会发现，人生很多时候都是会辜负自己的，你的很多境遇都是辜负你自己的，但唯一没有辜负你的就是读书这件事。"

读书的最终目的，是让我们读懂自己、接纳自己并更好地生活。

读书是面对多元世界、多元认知的自我修炼过程。

读书是一件苦差事，但能让我们先拥有一张入场券。

读书能让我们变成有温度、会思考的人。

通过阅读，我们将更好地了解社会、了解他人，也将更加了解自己。

过往不恋，当下不杂，未来不迎

感恩自己，取悦自己：快乐是一种能力

曾经看过一个比喻，觉得很有意思：做人是应该像包子一样，让人咬一口才知道你深藏不露呢，还是应该像比萨一样，馅料都在明面上，加把油就能让人垂涎欲滴，或者索性当个烧卖，露点馅儿，在外面揣着明白装糊涂。

人生的精彩不是你得到了什么，而是你经历了什么。感恩自己，取悦自己，不用费心钻营，更无须讨好世界。我们呈现的一切智慧都是从自己的真诚心、清净心中生出来的。

⊿ 乘风破浪的信念

叔本华说，人就像寒冬里的刺猬，离得太远会感觉很冷，但离得太近，会被刺伤。于是我们习惯了和每个人刻意保持距离，初次见面时不敢表现得过于热络。

"乘风破浪"这个词更像一种信念，让我们相信一切是可以改变的。

我们都在足够完美或刀枪不入时，才敢走进一个陌生的领域。如此一来，我们便会错失很多机会、错过一些重要的人。

我们常常将自己的时间、精力和天赋消耗在脆弱和纠结上。想来，变得完美和刀枪不入的确诱人，却不是人类能够做到的。

◿ 发现自己内心的力量

你是不是老觉得累？你爸妈是不是老觉得你一天到晚抱着手机，啥也没干，还无病呻吟？你是不是有时也觉得自己有着 20 多岁的年龄、50 多岁的体力、60 多岁的腰、70 多岁的颈椎和那不争气的 10 岁的情绪管理能力？

看看我们身边的长辈、前辈，他们经历的年代比我们现在要艰辛得多，可是为什么总觉得他们的身子骨比我们更能扛事呢？有时不禁会想是不是自己太软弱了。对于这个问题，我们来看看 500 多年前的王阳明是如何找到解决办法的。

王阳明的《咏良知四首示诸生》（其三）一诗中说："人人自有定盘针，万化根源总在心。却笑从前颠倒见，枝枝叶叶外头寻。"

当你发现了自己内心的力量后，就不会被外界左右，就能自得其乐，不惧险阻。

消受得意：物来顺应，未来不迎

你有没有因误会而很久没有联系曾经的知己或闺密了？当年令你火冒三丈、无奈委屈的其实并不是什么原则性问题，你心里惦记她们，却没有主动开口的勇气。王尔德说过：任何人都能对朋友的不幸产生同情，但要消受一个春风得意的朋友，则需要非常优良的天性。

2021 年元旦，我收到一封海外知己的来信。

给涵涵：

上一次户外跑步，最深刻的印象还是在两年前，才和你们闹了别扭之后的某一天，我沿着家附近可以骑行的小路走一阵，跑一阵，哭一阵。

想起那些说不清的遗憾，深感言语的无力。当时的你说需要点时间，其实我也一样，大概是因为太需要被肯定，所以在被误解的时候才会决绝地转身离开。

疫情这一年，我也宅了太久，今天决定开始跑步，大概是相似的天气，让我又想到那段郁郁不得解却深深无奈的时光。

忽然就想起写这一篇给你，不为别的，只想说，如果时间是一剂良药，当我们又开始互相问候，从刚开始的略显尴尬，到后面的平静释然。我曾经以为缘分就停留在转身的那一刻，没想到你之后再联系，就为了那一份主动，我真心地谢谢你。

时间会带给我们什么？会是惊吓还是惊喜，没有人能够预知。也许我们接下来的缘分因为疫情只能停留在文字中。

也许会有某一天，我们可以再聚在一起，说起当年的幼稚种种，然后一笑而过。

无论如何，走过了可谓动荡不安的一年，还有很多未知等在前面。没什么特别的愿望，简单的一句祝好。

Joan

2021 年元旦于墨尔本

故事的主人公Joan，是我认识了17年的朋友。她比我略大几岁，瘦高、白皙、文静。我对她的第一印象是从远处看只能看见长胳膊长腿，走近了一聊才知道人家的脑袋也不是徒增身高用的。

当时在语言学校里我的年纪最小，所以平日里Joan总是对我呵护有加。从语言学校离开，我们都考入了墨尔本大学，我是本科生，Joan是工程专业的研究生，我经常去旁听她给本科生上课。刚到墨尔本的时候，因为物价太高，我们不舍得吃水果，所以经常会

好几个人凑钱买一斤葡萄分着吃。

周末或者节假日，我们就凑在一起做饭、想家和学习。后来我们都回国了，我经常出差，Joan 也有了自己的家庭，在北京和天津两边跑，我们之间的联系就停留在互联网上和短信里（那个时候还没有微信）。

一些朋友好像走着走着就失去了联系，又会因为某种机缘巧合重拾前缘。

2015 年，我又回墨尔本工作，偶然间，我发现 Joan 也回到了这座城市，继续在大学里深造和教书。她和我先生是同乡，我和她的另一半也都操着"京腔"，所以大家在一起时更有种莫名的投缘。在墨尔本平淡的生活里，三五朋友小聚为我们共同的目标——吃，找到一个很好的借口。

朋友和情侣是一样的，在一起久了，免不了擦枪走火、唇枪舌剑。朋友熟络了，就没有那么多阿谀奉承和客套了，但是"度"终究很难把握。

没有什么蓄谋已久，只是在某个平静的聚会后，某句说者无心、听者有意的玩笑话击中了彼此的敏感地带。明知道没有那种深入骨髓的痛，但那股劲儿就是过不来，友谊的热度就保持在了 37℃。

没有攻击，没有埋怨，就算念旧情，也不想再谈未来。友谊的小船没有翻，只是都停泊在各自的港湾，暂时不想远行。彼此最后的一句话就是"我们都需要点时间静静"。

这样的我，遇到一个性格迥异的闺密，结果是就算都想冰释前嫌，但谁都不好意思往前走一步。自己感受性高，相对而言，感觉阈限就比较低。对初次见面的人即便喜欢也绝不刻意讨好，给周围的人创造一种善意的氛围；带着同理心去对待他人，不太在意能否获得同等的反馈，因为潜意识里认为"就应该这样"；同时，我不会要求别人了解我，容忍度很高，包容性也很强；认定对方是朋友以后，会把真实的自己缓慢代入双方的关系之中，渴望被理解，同时期待反馈；如果有矛盾，也会朝着"世界大团结"的方向发展，求个完美结局；认为解决问题最重要，会给自己和对方认识彼此的机会，确切地说，在增强自己的容忍度。

如果每次都因为同一个问题产生矛盾，导致进入剪不断、理还乱的状态，我就不太希望在人际关系上消耗心力了，会直接在心里启动"事不过三"的模式，有多远就离开多远。这种感觉就是单方面切断，不求将来，不念过去，不拖泥带水，只求及时止损。这种突如其来的抽离感，其实是临界点的爆发，我想就是很多人口中的"莫名其妙"吧。

没有毫无征兆的莫名其妙，只有不被理解的渐行渐远，所以我渐渐喜欢以一种不用情太深的方式去对待一切，不会伤人，不会伤己，不会过于热情，也不会太冷淡。这种感觉就像《庄子·山木》中说的："君子之交淡若水，小人之交甘若醴。"当然，作为凡夫俗子，我喜欢君子之交淡若水的平静，偶尔也渴望甘若醴的乐趣。

我这份 37℃的不冷不热，终于在 2020 年升温了。元旦前的第一条微信是我主动发给 Joan 的，信息发出后，很久都没有得到回应。"可能是墨尔本夏令时的原因吧。"我是这样安慰自己的。

等了一夜，第二天微信上终于出现了前文的那封信。虽然高敏感是老天给予的一份礼物，这份礼物能让我们审时度势，能让我们规避风险，更能让我们随时对自己和周围的一切进行复盘。但如果把握不好这个"度"，敏感会让人从自卑跨过自信，直接变得自负。这会波及自己，拖累朋友，更会让我们成为生活里的"受害者"。

2020 年的特殊经历给予我足够的时间去读懂自己，并接纳自己的高敏感，让我意识到"明天和意外不知道哪个先来"，于是我愿意变得更柔软，主动去弥补曾经的一些遗憾。

我想，这就是"我成功，她不妒忌；我萎靡，她不轻视，人生得一知己足矣"的感受。

等待

+

接受

+

改变

+

放开

=

成长

Caroline > > > >

∠

-

+

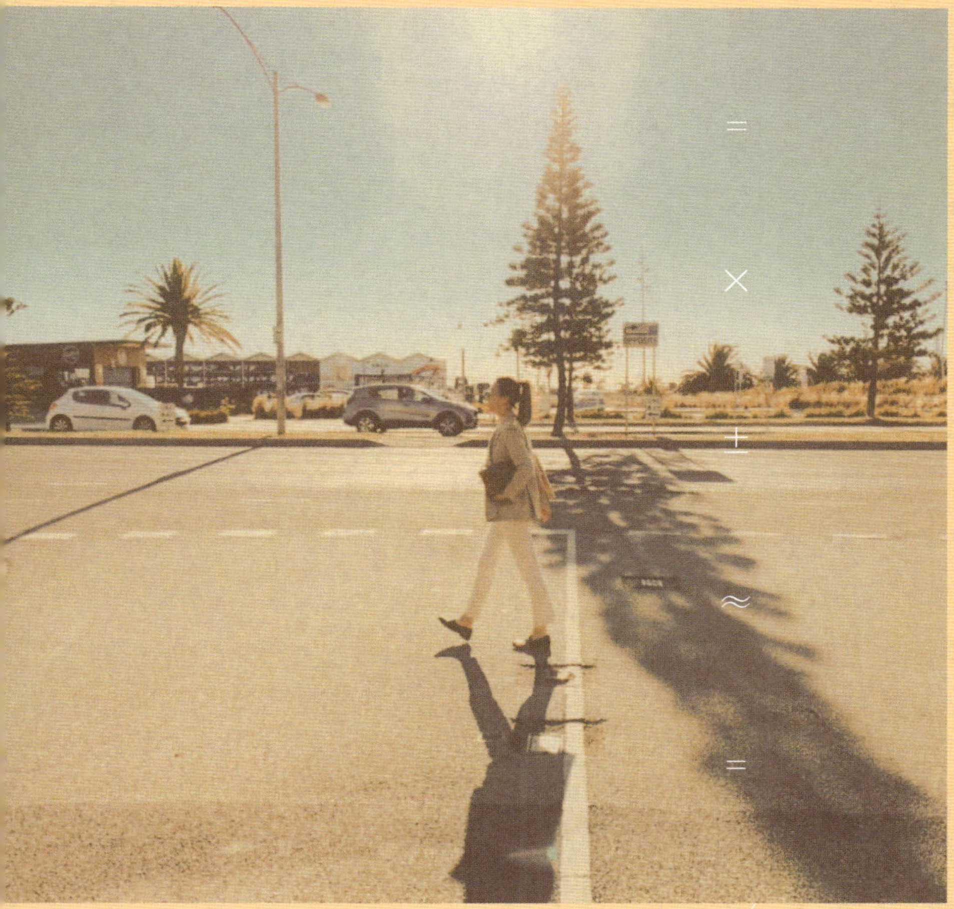

=

×

±

≈

=

√

边界意识：形成不被伤害的气场

你会发现，小孩子对爱自己的人充满好感，对伤害自己的人会直接回击。这是我们人类原始且珍贵的棱角。

曾经看过的一篇文章说，从校园出来进入社会，你慢慢明白不伤人是一种教养，但不被别人伤害是一种气场。我们可能听过关于"人情似纸张张薄"的牢骚，大概的意思是人与人之间的情分有时候像一张纸那样薄，在你稍微高估了人性的时候，它便被现实无情地撕碎了。这是因为我们忽略了"世事如棋局局新"的道理。每个人的处事风格都不一样，更何况世事多变，你不能强求每个人都按照你的意图行事，但你可以选择让自己内心柔软而有原则，身披铠甲而有温度。

你是否经常听到这样的话："你这马马虎虎、大大咧咧的样子，以后能干什么大事？""你就爱疑神疑鬼，多大点儿事你都能浮想联翩。""我能干对不起你的事吗？""你本来就是个新来的，学历也不算高。年轻人有热情是好的，但不要太突出自己，不自量力就不好了。"

这些话听得多了，你的潜意识里是不是已经认定自己不会有太大的出息；认为自己在情感关系里疑心太重，才会患得患失；自卑地认定自己学历低、在职场里不如别人，然后变得更加唯唯诺诺。

那是一种无力感、孤独感、高强度投入和强烈自我质疑的综合，这种复杂的情绪触碰着我们心底怕被嫌弃、被讨厌、被遗弃的薄弱底线，同时也触发了我们被理解、被赏识、被爱的需求。

而我们在开导他人时，最爱说的话就是"放宽心""别想太多""调整好心态"。这道理谁都明白，但好心态到底是什么？在我看来，这好心态呀，就如"态"字一样，是心"大"一点。

◁疗愈悲伤：连接自己

你是不是觉得做自己太难了？因为我们习惯性地认为随大流安全，随大流省事，随大流也最容易明哲保身。而做自己太难，恐怕是因为我们总想用自己的力量去改变周边的人和事，却忘记了给自己一片空间，到头来把自己弄得伤痕累累、筋疲力尽，却没有改变任何人和事。

歌德说："世界上最难的事，莫过于知道怎样将自己还给自己。"于你，这个世界只有一次人生，你永远不可复制，也只有你才可以对自己的人生负责。

如果目前有一件事正让你悲伤不已，是否有可能是你忽略了这种悲伤对你而言也有积极作用？因为其中包含着疗愈的信息。

我们常在朋友难过、悲伤时说"别哭了""别难过了"，但如果你想让你关心的人平复情绪，那么你最好不要去劝他，不妨让他尽情地悲伤，因为悲伤的尽头是接纳。悲伤让我们有机会接触被自己压制许久的消极情绪，让我们找到一个和真实自己连接的机会，从而调整心态准备迎接新生活。

人生曼妙，在他人肯定之外，更应有内心的淡定与从容。

⊿ 树立边界意识

你身边有生性凉薄的人吗？

你的朋友圈里有没有那种"不删除，不拉黑，时常想起，却不再联系"的人？有没有如网上调侃的那般"我回你消息是秒回，你回我消息是轮回"的人？

处于这种状态的人，有的恋人未满，有的曾经无话不谈，也有的始终没有捅破那层窗户纸。有人说这是从耿耿于怀到逐渐看淡的过程。

圈子不同，话不投机，你有了你该认识的人，我有了我该奋斗的方向，形同陌路似乎成了无法阻挠的现实。有人会把这样的结局归咎于自己的内向。

"强迫所有人都假装外向就是一种社会暴力。"如果你本就内向，在意外界的细微变化，那么就像开着蓝牙功能的手机，会始终保持接收信号的状态，会很快耗尽电量。其实你需要更多的充电时间，让自己以顺利放电的人生态度来面对生活。

表面上冷冰冰的人，其实内心比任何人都柔软。

生活太复杂了，并非非黑即白。有人全心全意付出，却竹篮打水一场空；有人掏心掏肺待人，却似镜花水月一场梦，最后把自己弄得又累又憋屈。

在我看来，人生在世，无非就是寻求平衡感，既要有边界感，又要有规则感。生活不就像一个天平吗？你每拥有一件东西，就要为它付出相应的代价。

就像心理学家阿德勒说的："其实世界很单纯，人生也一样。不是世界复杂了，而是你我把世界变复杂了。"一切复杂的背后，是你我边界意识的缺乏，这会引来搅乱心绪、摧毁幸福的"入侵者"。

成年人最智慧的活法是三分温暖，两分淡薄，四分漫不经心，最后一分，留给随心所欲。

　　杨绛先生一辈子不合群。她和钱锺书先生两个人绝少应酬，躲在书斋里读书自娱，写书自乐。她说："我们曾如此期盼外界的认可，到最后才知道，世界是自己的，与他人毫无关系。如果这让那些闯进你生命的人无法理解，你也无须执迷不悟。有幸走一程，那就真心交付；不得已分开，也祝各自安好。"

　　任何人在特定的时间里都会萌生悲观情绪，所以要像老舍先生说的那样："无论你多么热爱自己的事业，也无论你的事业是什么，你都应该为自己保留一个开阔的心灵空间，一种内在的从容和悠闲。"

　　如果没有这个空间，你会永远忙碌，你的心灵会永远被与事业相关的各种事务充塞，那么，不管你在事业上取得了怎样的成功，你生命的损耗都不可避免。

　　稳而思进，慢而有为。

　　心静了，自己才能变得更敏锐，自己才知道想要什么，才不会心猿意马，自怜自艾。

把真正的热情放在有限的事业上

现实的泥泞和利益的诱惑让我们风尘仆仆时，我们是否还有勇气去面对自己心底那一隅的单纯和质朴？

△孩子气：让自己"不着调"一会儿

什么是孩子气？是不是结了婚，为人妻、为人母后，就不应该再有孩子气了？孩子气似乎总是被迫同"任性""长不大""不着调"等负面词汇联系在一起。我们忽略了孩子气也是人生的开始，是心灵的源头，更代表抛开自欺欺人的想法与行为，真诚地待人接物。

《小王子》中有这么一段话："只有孩子们知道自己在寻找什么。他们为一个破旧的布娃娃浪费时间，这个布娃娃可重要了，要是有人夺走了它，他们会哭鼻子。"这听起来多么本真，这不就是孩子气中真实与坦率的一面吗？没有伪装，不需要二次加工，更不用滤镜的调色，不加掩饰地表现讨厌和喜欢，真实一览无余。

38 岁时的我究竟还保留了多少孩子气呢？万幸，还保留了几分。虽然不得不接受一些人见风使舵的行为，但如很多成年人一样，还是一边隐藏着自己的本意，一边挣扎着保留心底的本真。现实的泥泞和利益的诱惑让我们风尘仆仆时，我们是否还有勇气去面对自

己心底那一隅的单纯和质朴？如果说成长需要代价，那么我们是否用真诚换来了长大的勇气？"小大人"和"孩子气"似乎是一组对比鲜明的词，"小大人"过早地懂事与早熟，过早地察觉周围的一切，过早地希望通过成熟稳重的举止得到父母的欢心、老师的喜爱，他们的童心和孩子气被过早地压抑了。殊不知，孩子气的消失，只会带来言不由衷、圆滑世故，以及成年后情绪的失衡。

有些人在为人父母后，仍然会把失去的"孩子气"用"长不大的父母"心理去弥补回来。在家庭的角色中会像小孩子一样，需要被服从、被关注、被积极地反馈，这样才能保持情绪稳定。年龄的增长，没有让他们的情绪成熟起来，因为他们在该拥有"孩子气"的时候过早地懂事，没有真正关注自己，及时安抚内在的情绪，因此内心的不安情绪依然在，失望也从未消失。虽然他们的年龄在增长，家庭的角色也在升级，但是仍然会希望周围的人第一时间感受自己委屈失望和不安的情绪，时刻要求他人把自己放在第一位。如果没有遇到这样有"眼力见儿"的反馈，在亲密关系甚至亲子关系中，他们的情绪会随时濒临崩溃。童年时"孩子气"的匮乏，加强了他们的心理防御，无论成年后得到多少关注和滋养，他们都会把自己困于缺失的旧有模式里无法脱身。

老子在《道德经》里非常喜欢用婴儿作比喻，比如"众人熙熙，如享太牢，如春登台。我独泊兮，其未兆；沌沌兮，如婴儿之未孩"，再比如"常德不离，复归于婴孩"，其实都是在告诉我们要保持自己原始、真实、淳朴的状态。丹尼尔·施瓦茨说过："孩子们看待世界的态度和创造力，才是未来的核心竞争力。"我想对我而言，孩子气更是一种历经山河后仍然保留些许狂热的生活态度。孩子气，从一定程度而言也是我们每个人身上独一无二的核心竞争力。

至于有些人把孩子气解读为"不着调"，这未尝不是我们成年人应该让自己时常保留的一种特质。在这里，我更倾向于把"不着调"理解为"随性"。有时候，我们需要在不打搅别人的情况下，放肆地"不着调"一会，停止思考一阵子，不自律一两天。

在保持礼貌的前提下，放下阿谀奉承，少受点周围人和事的干扰，不想说话的时候不说，就像孩子不想和大人打招呼一样，"爱谁谁"地过几天，不行吗？我觉得行，太行了。这种适当的不着调、不热情，不会影响别人，反而会让我们在神经紧绷的状态下保留一点缓冲的余地。

孩子之所以比成年人轻松，是因为他们不用时刻"着调"，不用考虑和小伙伴聚餐后谁买单，不用过分解读同伴竞争（当然，小女孩之间也会比较裙子、发卡这些东西，但她们除了回家和妈妈发发牢骚，不会有其他什么反应，第二天就又聚在一起了）。

成年人哪怕一周有一天不着调地释放点孩子气，也能找回快乐，至少我是这样的，但前提是要"随性不任性"。不用非得把红酒年份和搭配的食物"妖魔化"，就算红酒不着调地搭配了炒肝或卤煮，孩子气点怎么了？不用非把每件事赋予哲思，不着调地爱谁谁，孩子气点怎么了？别一出门就把自己弄得像开了蓝牙一样到处寻找配对信号，偶尔关掉你的蓝牙，你也还是别人眼中的你，就算有人吐槽你，孩子气点怎么了？明知道别人算计你，自己都快憋成"忍者神龟"了，声嘶力竭、不着调地冲那个人嚷嚷两句，事后道个歉、握握手，我们还是好朋友，孩子气点怎么了？在轻断食期间吃了高碳水或油炸食品后拧巴，不着调地赌气抱怨几句，孩子气点，"我吃了，怎么了"。都说我们在出生后的 6 个月里可以肆无忌惮地索要注意力，过了这个年龄段，一呼百应的存在感变弱了，委屈的感觉就多了。那么，成年人的崩溃总在一瞬间，是不是也是因为孩子气减少了呢？

保留几分不任性的孩子气，保留几分随性的不着调，也许你可以少几分委屈和无可奈何。

△ 熬过崩溃期：允许自己有撑不住的时刻

看过一个话题：你是怎么熬过崩溃期的？我就想起一个朋友调

侃说，人没到中年时经历的那都不叫崩溃。有人说这明显是倚老卖老，体会不到年轻人的苦，但不可否认，年轻人是洒脱的，可以单枪匹马，一人吃饱全家不饿，生活中即便有人给了伤疤，自己也有铠甲遮挡。

很多人说成年人的崩溃是从缺钱开始的。就如有人说："大部分人在二三十岁时就死去了，因为过了这个年龄，他们只是自己的影子，余生则是在模仿自己中度过的。"而我会说，到了一定年龄，你会发现，成年人的崩溃还映射了一个字——苦、两个字——孤独、三个字——一瞬间、四个字——无可奈何。

人到了中年，会发现自己不知不觉就活成了一部《西游记》——就像网上有人调侃的：你有了悟空的压力、八戒的肚子、沙僧的发型，可关键是你没有孙悟空七十二变的本事，却要面对九九八十一难，有一群打也打不完的"妖精"。

中年后貌似我们就不能崩溃，也没资格崩溃，但是人怎么可能没有崩溃期呢？临近崩溃时，不妨降低一些对自己的要求，有些事情不得不看开，有些事情只能学会放手。

我最想对与我一起努力和奋斗的人说："世上没有不顺的处境，只有不善应对处境的人。"如果您和我一样，也会遇到一些喜欢在你背后说三道四、捏造故事的人，别在意，无非是因为他们没达到你的层次，你有他们没有的东西或者他们模仿你的生活方式未遂。

事不拖，话不多，人不作！挺过来，人生会豁然开朗。

张爱玲说过，中年以后的男人，时常会觉得孤独，因为他一睁开眼睛，周围都是要依靠他的人，却没有他可以依靠的人。不仅中年男人如此，我们每个人都有那么一刻会认为自己是孤独的，渴望得到真正的理解。

但我们又非常清楚，到头来，最懂你的还是你自己，因为人生终将是一场单人的旅行。你会在某个瞬间猝不及防地泪如雨下，也会在某个再熟悉不过的街角号啕大哭，然后本能地收拾好自己的情绪，笑脸迎人，继续前行。请你记住，你要允许自己有撑不住的时刻，生活不会因为你一瞬间的崩溃而停滞不前。你更要记得，你的一次次崩溃是对自我的重塑，它们让你尽情体会苦与乐交织的人生。

后辈们经常开玩笑说，我们这些人到了中年都变成了"忍者神龟"，其实我们也知道自己好像变得越来越好欺负、越来越怂了，仿佛慢慢活成了自己当初讨厌的样子。

还记得刚毕业时，我们信誓旦旦地说要实现理想，视金钱如粪土，到头来，在"孩子、老子、房子、车子和票子"面前无一例外都落入了俗套，梦想变成了遐想。

因为照顾孩子和老人是不能怠慢的责任，车贷和房贷是不敢造次的代价，而票子是"每天睁开眼身边都是需要依靠你的人，却没有你可以依靠的人"的原罪。

"一个人知道自己为了什么而活，那他就可以忍受任何一种生活。"我想，治愈中年人的，就是拖着疲惫的身心看着夜幕来临，在车里静待片刻，舒缓一下工作的压力、他人的排挤；在楼下多发一会儿呆，追忆少年时的单纯、浪漫和快乐吧。

这短暂喘息的片刻，可以让人在第二天拼尽全力更好地生活。正如罗曼·罗兰所说："生活中只有一种英雄主义，那就是在认清生活的真相之后，依然热爱生活。"

◁晚熟代表求新求变

你一定听过"出名要趁早"，在我看来，这句话中藏着对才华的自信，也有些许内心的虚荣，更不乏对时间的追赶和珍视。但我觉得还应补充一句："趁早是挺好，但你还要一路保持好。"说白了就是年轻成名是好事，但也容易败事、昙花一现。太多年轻人在盛名之下缺乏了该有的定力，甚至失去了珍贵的自知之明。慢慢地，这份被迫早熟创造的"名气"，就成了炽热的火焰，极容易把自己灼伤。你会发现，"出名要趁早"并不适用于每一个人。

如果说早熟赋予人迫不得已的担当和撑起自己的勇气，那么晚熟让人抛开世界的追赶，为自己的人生储备更多能量。

晚熟也使人求新求变、不过早故步自封。

最好的美丽在于"无龄"感

"臭美"两个字似乎贯穿了我的人生。从小时候把五颜六色的裤子往头上放，到"胖子"时期立志做个得体的胖子的"自律"，再到瘦身成功后的"不要最贵，只求最对"的"苛刻"，在衣品这方面硬要让自己挤进微胖界的 C 位。人们总说"外显即内在，衣品如人品"，对此我有一些不同的看法。

△ 衣品如人品吗

首先，我们个人的喜好，比如对颜色、面料的选择，一定反映了我们的心情和当下的审美，同时也受"家族代际"的影响。比如我从小就对深紫色有一定的"偏见"，所以总会避开这个颜色。因为我妈对深紫色存有一些主观臆断，从小她给我选择衣服都会避开这个色系，这一"家族代际"影响让我一直对这个颜色不太"感冒"。从色彩心理学上讲，紫色带有消极感，大多赋予人阴性和女性化特征。紫色也象征着敏感和变动，越鲜艳的紫色越容易被人发现。紫色处于可以随时在冷色调和暖色调中游离的状态，再加上其低明度的性质，所以能驾驭这个颜色的人不多。

紫色在很多设计师眼里是高贵的。毋庸置疑，如果颜色纯正，与肤色相称合宜，的确能起到相得益彰的效果，很多国际大牌也都偏好用紫色或淡紫色与金属黄色相配。但对紫色的"偏见"，让我至今在选择衣服及配饰的时候，都极少将大量紫色融入其中。

从这一点而言，我觉得成长环境、接触的事件和"家族代际"是会对我们的审美产生一定影响的。比如，我母亲喜欢明亮的颜色、淡色系以及卡其色系，拒绝黑色及厚重色系。长大后我才明白，特殊的年代里一群身着深色系衣服的人曾闯入家里，这给十几岁的她留下了难以消除的恐惧记忆，让她对深色产生了恐惧与失去的不良印象。我想，这种潜意识的确影响了她的个人喜好以及性情、修养。

其次，"衣品如人品"这句话有些夸张了。在我的理解中，人品指人的品性和道德，区区几件衣服是不能涵盖每个人的本质和特点的。我更愿意说衣品体现了一个人的生活品位，因为"仓廪实而知礼节，衣食足而知荣辱"。所以当人的生活质量发生改变的时候，他对当下物质生活的诉求也会不一样，价值取向也会发生改变。衣服的颜色、搭配的式样会彰显其内在涵养和精神气质。

有人用比较犀利的语言，去嘲笑一夜暴富但是精神和内在都还不是很丰盈的人，称他们为"炫富土豪"，评价他们用重金买来衣服，却丝毫没有体现衣服的价值时会说"一身名牌标签穿在身上，和从地摊上淘来的似的"。

在这个语境下，说这话的人不是鄙视"地摊货"，也不是"吃不到葡萄说葡萄酸"地攻击富有的人，他们的意思是，如果选择和搭配不合适，就算花再多的钱，一股脑地把所有的颜色穿在身上，或只是为了展示品牌而买，只会穿出廉价感。再大牌的服饰也是为人服务的，如果一味地把追逐牌子当作品位的追求，衣品最终就沦为了"没品"，搭配的风格也就局限在了大牌的"九宫格"里。

还有一点就是要注意场合和时间。有些心地善良的姑娘还在为生计奔波，一些已婚主妇忙于照看孩子老人，我们不能过于苛刻地要求她们随时得体，不能因为她们无暇打理自己的服装，就用"衣品如人品"来评价，这并不合适。认真生活在烟火中，也同样有超越衣品的好人品。

在不了解他人故事的全貌时站在道德的制高点上，对我们有而对方不足的横加指责，才是人品欠佳的体现。

⊿ 职场穿搭四心得

作为职场女性，衣品之所以重要，我觉得是因为穿搭体现了内涵、气质与能力。对此我有以下几点心得。

第一，穿衣服不能随大流，要选择适合你的年龄和身材的衣服，不是越流行的你穿上越好看。

其他人不知道你的衣服是新的还是旧的，是流行的还是古着（Vintage，一般指博物馆的珍藏，这里意为古着），关键在于是否适合你。比如这几年很火的马丁靴和"紧短薄"类型的衣服，如果放在我这样身子长腿短、略有小肚子的女性身上，各位可以脑补一下这种画面，"爱谁谁"的街霸感会和我的肚腩一样，随时呼之欲出，但若是身材比例好的女生、驾驭得了"紧短薄"风格的女性，就是另一幅时尚欧美风画面了。

第二，不是贵的就是对的。

若是穿不对，名牌加身，衣品依旧负分。我看过家境优渥的女孩子，直接把信用卡留给名牌店的销售，当季新款定期送到家。虽然衣服买了很多，但每次出门还是抱怨没有衣服穿。在职场里，随着职位的提升，我们难免需要用有质感的服装、配饰给自己加分傍身，在一些特定的行业更是对衣着有苛刻的要求。在选择上，不必

过分追求价位，尽量选择经典款式，能穿 5 到 10 年，甚至更长。做到少而精，在搭配上同样秉承少即多（less is more）的高级感。

我衣橱里保留了一些妈妈年轻时的衣服，这种经典款不会变成"断舍离"的对象，而是一种品位上的长线投资。我从前也犯过错误，以为"买买买"万岁，衣服多了就可以搭配得很好，结果每天在选择衣服上就花费很多时间，因为选择多了，自己的心神就乱了，说白了就是东西多了无法心定。

在一次次的断舍离中，我总结的心得是，如果遇到难以取舍的衣服、首饰或者包包，冷静一下，试问自己是你需要还是想要，是因为真的喜欢，还是因为别人有了，自己也必须要。我说的这些，不包括犒劳奖赏自己的购物。都说延迟满足的本意是让我们在等待中获得更多，让我们不过多纠结于春播秋收，可以把最优目标推向最远，不让我们满足于当下已有的成绩，可以更好地树立更长远的目标。其实放在"买买买"中偶尔延迟一下自己内心的满足，也是为了让我们在购物中尽量选择最适合自己的。你可以先在心里种下草，然后在可承受的范围之内考量它的使用率，之后再下单。这样一来，这件物品的"日活量"就会很高。其实这无非就是让我们这些在买买买中"喜新厌旧"的女人，学会对衣服"专一"罢了。这也是我慢慢走向理性消费的过程。经典颜色不能少，避免太多的闪亮元素；经典款式的黑色裙子要有几件不同质地的供选择；在判定自己是冷肤色或暖肤色之后，选择适合自己肤色的相应色系、款式和质地的西服外套，以及任何季节都可以搭配的单品。

再比如这几年很流行的 Comfy Club 风，基础的黑白灰服饰，可以选用同色系不同质地的面料，将同色系的毛衣当作披肩，随手戴副太阳镜，搭配平底鞋，没有浮夸的造型和首饰。这样的穿搭可以在职场和生活里随意切换。

第三，平价穿出高级感。

质地和颜色很重要，避免花重金踩雷有"廉价感"的衣服。花大钱买错衣服时，恕我直言，会让我们徒增"滑稽感"而丝毫彰显不出"高级感"。这其实和我说的前两点有关系。快时尚和"好看"已经慢慢脱节，不要千篇一律追流行，只有适合自己的才是对的。

买衣服也要做到"不讨好"外人，否则你买回来的只是个牌子，懂的无非会多看一眼，但对方在这几秒里也未必能感受到你的才华和能力；遇上不懂的，你穿戴的衣饰再高价，在他们眼里也都不值一提。现在很多人选择衣物只是为了让别人羡慕，并不是为了满足自己。谈不上有多喜欢，却为了所谓衣着"鄙视链"、为了不做垫底而购置衣物，那么也许不久你就会把这件单品"打入冷宫"。

纵使得到了这些你心心念念的名牌，你也未必是快乐的。就像王尔德说的，"生活中只有两种悲剧：一种是没得到我们想要的，另一种是得到了我们想要的"。若能在买买买的路上，只选择我们需要的，才在真正意义上实现了"穿衣自由"。

第四，永远别忘了先取悦自己。你可以漂亮，但你不需要每天都漂亮；你可以让别人看到你觉得舒服，但你要先让自己穿得舒服，因为让自己穿得舒服也是我们生活的一部分。衣品是我们追求美的部分，舒服的生活方式更是我们追求的状态。

如果给我一个括号来填空：我希望我们（ ）地活着。

20岁的时候我会说，我希望我们（漂亮）地活着；30岁的时候我会说，我希望我们（优雅）地活着；往后余生，我会说，我希望我们（健康且舒适）地活着。

涵　　润
有情有爱

　　一些图片、一些文字以及一些人，如同一束光，让我们敢于直视内心，勇于直面人生，一往无前。

做婚姻的合伙人

我和先生的年龄相差将近 5 岁，是姐弟恋，也持续了很长时间的异地恋。我们有过在父母的反对下偷偷领证"私奔"的叛逆，但还是从 2006 年走到了今天。

很多人都问过，对于这段恋情你后悔过吗？因为他带给我太多的未知、太多的无奈、太多的不被认可和太多的挑战。我想，我会用一个英文单词来回答就是 responsibility（责任）——response（回应）的 ability（能力）。我想与其问后不后悔，不如问一下，我们是否能在一段关系里拥有回应变化的能力。因为任何一段亲密关系，在一定程度上，都考验了我们应对外在变化的能力，这其实就是一种责任。

在亲密关系里，很多人不敢做出选择，也是因为缺少回应的能力和勇气。在选择伴侣这条路上，谁也不能代替我们做决定。父母、亲人、闺密甚至伴侣都不行，这也是对自己的一份责任。如果选择错了，有没有勇气全身而退？有没有底气不把责任一味地推给对方？我们是否可以无畏地面对亲密关系带来的改变，进而采取不同的应对方式？

这些年，是我先生的包容，让我愿意去面对自己的执拗、自以为是、大女人，甚至有点偏执的性格。也是因为他，我才意识到原来我的人生可以变得不太一样，我也可以柔软，也可以不因外界的声音而随时随地像一只好斗的、长满刺的刺猬。

他的性格反差，让我在感觉不知所措、苦苦挣扎时，能够尽己所能，克服紧张和不安，不执着于追求完美，专注于今天需要完成的事情。

世界再大还是遇见你

《向左走，向右走》一书描述了这样一个故事：遗失联系方式的男女主角，即使住在同一幢大厦，因为出门方向背离，永远是一个向左走，一个向右走，即使苦苦思恋、寻寻觅觅，还是在命运中错过了彼此。

我和先生发生在南半球的恋爱故事与此相似。因为父母之间熟识，在他 5 岁、我 10 岁时，我们就已经彼此相识。儿时，他总会称我一声姐，但在成年后我们没有什么交集。

在我们留学时，命运将我们安排同住在墨尔本的斯旺斯顿街的一座公寓，我住 9 层，他住 8 层。他的学校是皇家墨尔本理工大学，出了公寓向左走；我的学校是墨尔本大学，出了公寓向右走。

∠ 我们结婚了，恋爱第 8 年

∨ 婚后第 7 年

我有一个习惯——清晨上学前在房间跳绳 100 下。而他的课大多在下午，因此早上通常会睡懒觉。不堪骚扰的他，向大厦物业管理处投诉我。为此，我调整了锻炼时间，专程去他屋前敲门道歉，甚至还曾留下纸条和小糖果以表歉意。但居然从来没有遇见过一次这个人，对他的国籍和性别等一无所知。

但比故事幸运的是，缘分没有让我们错过对方。2006 年，北京的冬天，墨尔本的夏天，我因为要早些回学校上课，于是没有在家过年。那一年，墨尔本的天气很反常，暴雨、冰雹交加，气温骤降。下的雨如同泼水，冰雹大如碗口。下飞机的时候，狂风大作，连出租车的影子都很难看见。

等了快一小时，好不容易出现了一辆出租车，我和他同时招手，因为行李过多，再等下一辆大一点的 maxi cab（豪华中巴）又要 40 分钟，他用不太标准的发音和我商量共拼一辆车。当时，我不屑地看了他一眼，说："我自己可以支付车费，你要上哪儿，我可以带上你。"虽然骨子里有点大女人，但是内心还是有点怂，同乘了一辆车，在后座上尽量和他保持距离，心里嘀咕着坏人看脸也看不出来。

从墨尔本机场到 CBD 平时只需要 40 分钟，但那天因为赶上大雨，交通不是很顺畅，所以多花了 15 分钟。在车上，为了知己知彼，我开始了尬聊。但这个行为却让他在婚后谜一样地坚决认定，我从开始就是有预谋地要主动"撩"他。

这一尬聊，还聊出点友谊。老祖宗的话都是有道理的，人不可貌相，别看他胡子拉碴，看着挺吓人，说话还挺有礼貌，再加上一样来自北京，所以不一会儿，我的防备心虽然没有彻底消除，尬聊却变成了闲聊。但我们谁也没能认出对方就是小时候的那个玩伴。因为我们大概有 12 年没有联系，双方外表变化实在太大——我比青春期时瘦了 40 斤，而他则比童年时魁梧了很多。直到我们交往起来，我依然没有认出眼前这个男生是小时候见过的妈妈朋友的儿子。但从这一次邂逅起，我们的故事开始了。

△ 不被祝福的异地爱情

当关系进入查户口阶段，我俩终于"相认"了。他乡遇故知，久别重逢，我们很快认定对方就是自己的灵魂伴侣。

然而，我们的关系并非一帆风顺，旋即遭遇了现实的重重打击。

我俩确定关系后，我被选派去美国实习，而他仍留在澳大利亚完成自己的学业。我们过起了两地分居的生活，一分别就是一年，只能用 QQ 互诉衷肠。

终于熬过了一年，我俩可以在一起时，真正的问题才开始出现。父母坚决反对姐弟恋，于是我们为了彼此开始了地下恋爱。父母飞来"查岗"，我们就像做贼一样各种"遮遮掩掩"。后来，先生为了我放弃了国外的高薪工作机会，回国创立了自己的公司，又进入商学院继续读 EMBA，而我也开始了全球飞的工作模式。

因为工作，我们见面的机会很少。有时只能约在出差地点汇合，只为见上一面。

△ 婚姻要相依相惜

因为身体和工作的原因，2015 年，我和先生再一次离开了国内，并在这一年偷偷领证了。

家人的"考验"，让新婚的我们未能经历蜜月期的甜蜜，就必须应对生活里的柴米油盐和经济上的窘迫。我不想在这本书里向大家诉说我当时过得有多么狼狈，也不想在这本书里展现我们曾经面对多么艰苦的条件，但确实我和先生此前从未有过独自谋生、从零开始的生活。因为这份选择，我们要立刻接受从零开始的考验，共同面对房子、车子、票子等一系列问题——生活中的"里子问题"。

刚到达澳大利亚的时候，因为要进新的公司打拼，我们并没有太多的时间用来寻找合适的住所，只能迅速找一个落脚地，办完了贷款手续，做起了"房奴"。

失去家里的支援和帮助，花光积蓄后，我俩才明白了生活原来不只有爱情。

前面说过，在我 30 岁那一年，一场意外导致的伤病，使我的生活自理能力明显下降。此后，因为生活压力加大，我的病情又有一些反复。

墨尔本的冬天和上海的冬天相似，阴冷潮湿，而且在 7 月时最为严重。2015 年 6 月，在墨尔本，32 岁的我旧疾复发，整整 21 天只能卧床，第一次因生病用了尿不湿。

我从来没有想过，比我小将近 5 岁的老公，要在这近一个月的时间里每天给我更换尿不湿，寸步不离地照顾我。我以前以为，这样的情景可能会发生在我 72 岁或 82 岁时，谁承想它竟然发生在我 32 岁时。

都说夫妻两一定要经历些什么才能共同成长。于我俩而言，除了要共同面对经济制约上的考验，我们还要共同面对生活难题。这不是药到病除、可以不再复发的疾病，这种病痛和苦难可能会伴随我一生，在生命里无时无刻不在影响着我。

情绪抑郁的时候，我都挺烦我自己的，三天两头和病秧子似的，低不了头，弯不了腰，一犯病就感到天旋地转，捡个东西都得要他帮忙。他每次都调侃说："你心里有点数就行了，现在知道嘴上得积德了吧？我是没您反应快，老说我这脑子是从冰室里拿出来的，得解冻才赶得上趟儿，但咱这不能给你派上点儿用场吗？你低不了头看东西，我的眼就是你的眼了。虽也没到我带您领略四季的份上，但是至少这也算你中有我了。"

我想，正是因为这份并不深情的嗔告，我找回了自己最柔软的一面。也是从那时候开始，我身边的很多人都觉得我不再像过去那样"尖锐"了，讲话不再肆无忌惮和咄咄逼人，那只家人眼里的"厉害鸟"开始懂得和颜悦色了。

都说撒娇女人有好命，我认为，会撒娇的女人也要碰到一个能让你顺势下台阶的另一半，会哄人的男人也要碰到一个愿意弯腰配合的女人，双方才能一拍即合。

不会撒娇、不会弯腰的女人，遇上真正的良人，也会好命。

找到 101 个继续过下去的理由

▽ 避免冒犯式提问

说话时面无表情，语调清冷平静，提问绵里藏针，最后直击痛点。

在婚姻里少试探、少考验。睁着眼睛选人，闭着眼睛相处。

婚姻本身就是一个走进现实生活的过程，因为它会让那些不切实际的幻想破灭，让人看清现实。只有接受现实，才能成长成熟。

谈恋爱就是让你变成一个"近视眼"，要的就是雾里看花、水中望月的劲儿；结婚后就是配了副眼镜，借了双慧眼，将对方的瑕疵看得清清楚楚、明明白白、真真切切。

即使有 100 个想离婚的念头，也会找到 101 个继续过下去的理由。"流星背后的月光，落叶下堆积的泥沙，世事纷繁的变化"，咱也没必要每日沉湎于昨日的童话。过好了每一个今天，自会遇见不错的明天。

▽ 找到情绪转换器

人和人交往最看重的不是五官美丑，而是三观是否相合。两个人互相吸引，始于颜值，忠于人品，分于三观。有人说，这"三观"不就是人生观、世界观和价值观吗？我的生活圈子就这么大点儿，你让我上哪儿找那么多三观一致的人？再说，谈个恋爱，我总不能先问人家，哎，你先和我说说你的三观吧？

在我看来，所谓三观，无非就是共同话题、包容性及正向情绪价值。没有共同话题，如同对牛弹琴；没有包容性，两方水火不容；而拥有正向情绪价值，不是让你求抱抱、举高高、要亲亲，而是我们首先要具备一个完整的人格，不依赖外物，发现自我的存在感和满足感，而不是让他人拿捏你的情绪开关。

如果不慎遇到情绪价值低的人，你要明白不是你不够好，而是他们心里有一个"黑洞"，会吞噬快乐。他们看见别人高兴就感觉自己的利益受到了侵犯，他们本身就习惯常年在低气压的环境里生活，因为只有这样，他们才有掌控感。

在恋爱、婚姻中，这种人不但会影响你们的关系，还会影响你们与上一代甚至下一代的关系。恋爱嫁人，千万不要图人家"对你好"，因为今天他可以对你好，明天他也可以对你不好。换句话说，要想向别人提供高情绪价值，首先要找到情绪转换器，"谁拥有这样的转换功能，谁就能给自己和对方带来幸福"。而在我看来，恋爱中最好的状态无非是，不讨好，不强迫，不黏人，不卑微。

△ 爱情里的心照不宣

到底该不该看对方的手机？这被很多人看作伪命题。在我看来，手机里无非就存在两样东西：隐私和秘密。所以有人建议，当我们冲动地想去看对方手机的时候，应该先问问自己，你是希望看对方的隐私，还是希望查看对方有无秘密？你不用时常患得患失地寻找是否被爱的答案，因为在爱你的人那里，你会热爱生活；在不爱你的人那里，你会看清世界。这就好比"想和你见面的人，春夏秋冬都有空；想送你回家的人，东南西北都顺路；想陪你吃饭的人，酸甜苦辣都顺口；而想陪你到最后的人，将你们的心照不宣，也早已刻进了彼此的往后余生"。

新生家庭的亲密关系

从姐弟恋的不被认可，再到南北半球两地分居，因为工作关系，在我飞世界各地的同时，他会尽量把自己的工作表和我同步，只为见上一面。

我们没有婚礼、没有鲜花、没有婚纱，也没有所有亲人的祝福。15年来，一路走到今天，从无到有，从零到一，我们很知足。

这一路走来，我们从开始试图努力向所有人证明我们可以过得很好（不想让反对我们的人看笑话），到为了自己想要过得很好，需要我之前说的回应（response）外在改变的能力（ability），这样的能力让我们对婚姻有了完整的责任(responsibility)。

两个人都是完整而独立的个体，我们分享彼此却并不需要依赖彼此。无论是在一起还是分开，都不会影响各自的独立与完整，也会完全尊重对方的独立与完整，不加以干涉，不会羡慕对方，也不会遗弃对方。而做到这一切其实只需要调整并整合与自己的关系。任何关系都会随时改变，而"我"如果能不变，以不变应万变，那就算处在狂风骤雨之中也可以岿然不动。

⊿ 婚姻的核心利益是成全

我常引用"婚姻过于急躁，闲来便是麻烦"来劝告还没结婚的朋友。

恋爱时的核心利益是欣赏，是情感交换。认可一个人，始于颜值，陷于才华，合于性格，久于善良，忠于人品。在婚姻里更是如此，只是婚姻的核心利益，是成全，是价值交换。这种特殊的"合作关系"一定包含赚钱、持家和获得情绪价值三个因素。夫妻双方总得各自有一个强项，一样儿没有的，不要说公平不公平，自己都会觉得比对方矮一截。

生活是给自己过的，绝不是秀恩爱、博眼球。自己开心就好，自己幸福就好，别人的评价标准并不适用于自己的人生。夫妻双方也要有"契约精神"，就像一位经济学家说的："婚姻就像两个人合伙办企业、签合同。"那些走得更为长远的夫妻，往往建立了牢固的"合作关系"，因为这种"合作关系"也是爱情的一部分。

好的爱情终于精神成长

△ 最重要的是懂自己

现在一些年轻人为什么不想结婚呢？

第一，他们认为一个人过得还不错，经济上自给自足，何必委屈自己，为了结婚而结婚。

第二，七大姑八大姨和自己爹妈日常的鸡毛蒜皮让人恐婚，毕竟谁也不愿意把诗和远方过成柴米油盐。

第三，没有遇到合适的人。

其实，"没有该结婚的年龄，只有该结婚的感情"。

男女之间的那点"意思"，常常是从"不好意思"开始，到"真没意思"结束。当一个人物质和精神都很富足时，他就会期待一份自己想要的爱情。

马斯洛需求层次理论认为，人的需求分为 5 种：生理需求、安全需求、归属和爱的需求、尊重需求、自我实现需求。前三个生存层面的需求被满足后，人就一定会追求精神层面的发展。

因此，婚姻里才会有同频共振、共情同感、共同话题等内容。

这也像尼采说的，你要搞清楚自己人生的剧本：你不是父母的续集，也不是子女的前传，更不是朋友的外篇。对待生命，你不妨大胆冒险，因为你终归要失去它。

如果这世界上真有奇迹，那它只是"努力"的另一个名字。生命中最难的不是没有人懂你，而是你不懂你自己。

△ 女人的安全感与男人的自尊感

女人的安全感有多重要，男人的自尊感就有多重要。

在一些男人的眼里，面子就是他们的标志，在很大程度上可以给他们信心和勇气。女人觉得男人要的面子有多虚无缥缈，男人就会觉得女人要的安全感多么看不见、摸不着。

经常听到有些男人在出门前嘱咐媳妇："今天在爸妈面前你少说两句，给我点面子。"女人觉得："他们又不是第一次见你，你什么样他们心里没点数吗？你这除了工资和觉悟不高哪儿都高的，哪儿那么多事呀。"

男人口中的"面子"，大多体现的是他们的自尊感和自重感，而自尊是男人最敏感的神经。这也就是我们常说的，动什么不能动男人的自尊。

而在男人眼里，他们会觉得自己一点自主权都没有。其实我们每个人都希望从别人那里获得自尊感，男性更是如此。

虽说越是人多，越要给男人面子，但人越多，越没分寸地彰显大男子主义的伴侣，你应该趁早远离他。男人的自信是女人给的，而女人的温柔同样是男人造就的。对夫妻相处之道最好的解读是，说出真实的想法，不争对错，不道是非。

◿ 异地恋的 4 个建议

异地恋最无奈的地方在于，只要对方关掉手机，你就觉得仿佛这辈子都找不到对方了。感情，最怕等不起，也怕最后的那个人不是你。

我是经历过异地恋的。对此，我总结了以下 4 个建议。

（1）要给彼此建立信心，说白了就是给彼此个期限，让彼此都有个盼头。

（2）要给彼此建立信任。信任是一把双刃剑，如果你是个爱胡思乱想的人，请你趁早退出这场挑战。

（3）避免冷战，看不见、摸不着的争吵更伤人。

（4）保持精神上的契合，同步成长，柏拉图式的恋爱更需要勇气。

△ 想对"姐弟恋"里的姐姐们说的话

在姐弟恋中，姐姐们需要承受外人"老牛吃嫩草"的质疑眼光，最担心的是"好心当成驴肝肺"，最怕的是"母爱"般的精细照顾最后换来的是肆无忌惮和理所应当。

其实无须在意外界的眼光，爱情里没有对错，作为姐姐的我们，虽然承担了很多本属于弟弟们的男性化角色，但弟弟们同样给这段恋情带来了生命力。

不用时刻绷紧大女人的神经，保持一颗少女心同样重要。

更不要因为母性本能，就事无巨细地照顾对方，毕竟你们是平等的恋人关系，而不是"母子关系"。

在我看来，维持一段姐弟恋需要做的是不过度控制，也不盲目讨好。精神和物质上独立地爱着，这才是姐姐们最高明的活法。

亲情无价：亲子关系的建立与维系

母爱如海

我和樊登老师连线讨论过这样一个话题：与母亲的关系。樊登老师认为，在女性成长过程中，与母亲的关系决定了她与周围一切的关系。

母亲的三观、对我们的要求、对生活的态度，都会在我们身上打上深深的烙印。

对此，我深以为然。

△ "轻微超级妈妈"

我妈怀我时比别的孕妇辛苦，妊娠反应严重到吃什么吐什么，怀孕 8 个月都呕吐不止，唯一吃了不吐的食物就是西红柿（番茄）：凉拌西红柿、西红柿汤、西红柿炒鸡蛋、西红柿打卤面，只要是我爸能做出的有关西红柿的菜式，我妈吃了都不吐。

按照我妈的话，她上辈子一定是欠我的。据邻居二大妈们毫无科学依据的推理，我头发黄（浅栗色）和基因没关系，和吃西红柿有关。我也懒得和各位掰扯个子丑寅卯，黄就黄吧，按照现代的审美，咱也别得了便宜还卖乖。顶多就是小时候被教导主任请家长（以为我染发了），长大了在染发上还是省了不少钱的。还有就是我一生病就没胃口，也只有西红柿能入口。

我出生时体重8斤，这个重量算是累惨了我妈，连带着把她的事业也耽误了。人家都是一手烂牌打成了逆风局，我妈这也算是一手好牌耽误在了我这"千斤坠"上。20世纪70年代，家家户户还没有电视，只有收音机，她已是成名的"老艺术家"了。她那时曾因出身饱受困扰，因此，除了忙工作，就投入所有的力量来做贤妻良母。

那时候，大家都住筒子楼，我家住五层，一家人挤住在一间屋子里，厕所、厨房是公用的。我能吃能睡能拉能尿的一条龙"服务"，让我妈每天不停从五层跑到一层锅炉房打热水，可谓"跑断了腿"。几十条裤子，每天好几遍地轮流洗，洗完还得拿热水烫，都说我妈是"资本家小姐穷干净"，哪知道那是一位好妈妈在那个时候对女儿力所能及的爱。我的到来让她手忙脚乱，暂时把她介怀的"成分标签"放到了一边。我爸经常要出差，我就成了我妈"夜以继日"的头等大事。

∧ 与母亲的合影，2019 年

都说小孩子要"水长"，无论寒冬腊月还是夏天三伏，我妈每天都要给我洗个澡。夏天还好说，冬天最难熬，她一个人把煤气罐扛到屋里，我爸自行改装了一个小瓦斯炉子，按照现在的解释就是个简易的浴霸，房顶上吊个挂钩，挂上淘换来的塑料布，在屋里给我搭起个小棚子。因为暖瓶有限，热水供应也有限，供暖基本上到晚上 8 点就停止了（20 世纪 80 年代我出生的时候，粮票、蛋票、布票是按计划分配的）。关键我还是坨"软棉花"，哪儿都软趴趴的，脱完一个胳膊的衣服，我就像晒化了的橡皮泥一样，我妈拽着如同秤砣的我接着脱衣服，既怕伤着，又怕冻着，每次给我洗完澡，她都会像虚脱了一样瘫坐在地上，半天都缓不过来。

我妈爱和我聊天，甭管我听得懂听不懂，她都告诉我，而且绝对不用叠词，鱼就是鱼，饭就是饭。在她的眼里，小孩子和成人的语言交流体系应该保持一致，早点接触成人世界的语言体系挺好。

后来，我妈一直说挺后悔让我 6 个月就学会了叫妈妈，她说"这一开口，就没有闭上的时候"。

从她更年期碰上了我的青春期开始，我俩就成了两个阵营的辩手，因为在大多数问题上都有不同意见。当然，一切都是在尊重彼此、秉承"尊老爱幼"的前提下展开的。只是大部分的时候，基于我妈"吃过的盐比我走过的路要多"，在气势上我失利了。虽然从小我就认为，对于我妈的建设性意见及一针见血的评价，我能保有强大的防御力。但是事实证明，在她犀利的逆耳忠言中，我还是没有练成"金钟罩""铁布衫"。

我妈的话句句都能说到点儿上，绝对不拖泥带水。尤其是在纠正我的错误和挑剔我爸毛病的时候，那更是绝不含糊。我估计我这

"得理不饶人"的劲儿深得我妈真传。我妈是"守门员"性格的妈妈，我爸则充当"后卫"角色，很多时候碰不到我这个"球"。我爸的确在大多数时候顾不上家里，我和我妈抱怨我爸完全帮不上忙是时常发生的；但我妈事无巨细、事必躬亲的操心也是有的。我爸也比较有自知之明，在教育我这个大问题上，绝对不擅自插手。因为是干了也得被说，不干也得被说，那干脆就接受我妈的指导，落实行动，这样就能落得个耳根子清静。

通过以上诊断，我觉得我妈有"轻微超级妈妈"症状。虽然我妈至今认为我是江湖"庸医"，对她持有"偏见"，但我还是对这个"诊断"颇以为然，就像英国心理学家温尼科特说过，"爸爸在一个家的首要任务是让自己活下来"。在我家，我爸把自己放在了很恰当的位置上，换句话说，这位老同志的"求生欲"还是很强的。

△ 和妈妈成为闺密

我的出生，带给我妈很多心理层面的安慰。我和她在很多问题上无话不谈，就算青春期碰上更年期的时候，我们也在大是大非面前保持了一致对外的"战友情"。我们的关系大致可以梳理成：她是我妈，她是我的师长，她是我的闺密，她还是我的"闺女"。

她是我妈这一部分，我觉得大多数的妈应该差不多，看着我曾经惊人的体重也能感受到我妈的尽职尽责。她是我的师长这部分，我更是做到了早请示、晚汇报，她也没事就给我上上思想课，关注一下我的思想动态，没事就让我在小组里做些学习汇报。虽然这组里就我和我爸两组员，甚至大多数情况下就我一人自问自答，也要坚持让我进步。

接下来具体分析她是我的闺密这部分。从我上小学开始，我妈就会给我讲述一些她在职场的故事，问问我的想法，听听我这个小屁孩的意见。长大后，我曾调侃她："您这就是想找个无条件支持您的忠实拥护者。妈妈受了委屈，哪个孩子不得站在妈妈这边呀，您再吐个槽，我再接个茬儿，虽然没有什么建设性的意见，起码我也是个'人型吐槽机'。"我妈说："你别得了便宜又卖乖，要不是我早早让你体验了'情感心理师'的角色，你能在新媒体领域探索出当自媒体达人的心得吗？"我这时候必须说："没您的锤炼，我真不能。"

我妈有两点必须"凡尔赛"一下：第一点就是她时刻提醒我，她是我妈，但绝不完全依附于我；第二点，我们在这场亲密关系里，她主动意识到并恰当地调整好"分离"的尺度。这里的分离不是生离死别。这种分离讲的是妈妈与孩子之间"共生关系"中的分离。有很长一段时间，我妈都会感到不安全，因为随着我年龄的增长，我对她的依赖变得越来越弱，而她没有做好将"挂件人偶"从她脖子上摘下来的准备，仍然把大部分空间和生活重心及情感放在我的身上。她会感到不被需要和焦虑，她慢慢意识到这是因为她没有给自己留出一点空间。她曾经说，我完成学业回国时，她觉得生活的支柱又回来了，直到我 5 年后又离开中国，我妈才突然意识到这种想法的错误。她慢慢开始有了自己的生活，如果我不主动打电话，她不会"打搅"我的生活。用她的话形容，我已经是"独立的个体"了。我想，我对我爸的"横刀夺爱"逐渐变成真正意义上的"完璧归赵"，让我妈的爱与牵挂"归位"到我家老赵同志身上。

这份闺密情还充分体现在日常生活里。我的身材属于身子长、腿短的类型，有一阵子，我很迷恋低腰牛仔裤。早上起来，我妈就会皱着眉头看着穿衣镜前的我说："我是看在咱俩姐妹情深的份上才说的，就咱这腿就别再挑战高难度了。"损到深处，我妈还会动之以情、晓之以理地补一刀："真的，我觉得这裤子，穿你身上，你那屁股都快长地上了，你们同事可能都不好意思说，我就做个坏人替人家说了啊。"早上起来，我为了好好亲近全新的一天，认真梳妆打扮，带着自恋的心态欣赏完自己，心情正在灿烂之时，突然听着这些"振奋人心"并具有穿透力的话，我还得硬着头皮把我这"显腿短"的牛仔裤穿出门！出门后的心情，看官就自行脑补吧。所以我在这些方面锻炼出来的抗击打的防御能力，日后也体现在了职场上。这一点，我妈功不可没。

我在国外那些年，我们的闺密情延续得还算不错，自从有了微信，友情更是增进了，一般我会在北京时间早上 8 点给我妈打个"早会语音"，交代好双方隔着大洋一天的安排；中午 1 点午休，会问候一下老同志有没有按时吃降血脂、血糖的药，有没有和同一屋檐下的另一位老同志和平共处，有没有什么社会活动安排；当然，也得适时照顾一下另一位老同志的心情，要不然这醋坛子翻了也够我吃上一年。

对待我爸相对简单，"您还好吗？最近有什么需要吗"，这是一般的开场白。因为年轻时候受苦颇多，我爸对一切新鲜事物、高科技产品和新潮服装都颇感兴趣。按照他的话，"有时候脑子空白我没办法填补，但是人老心不老我还是可以做到的"。所以一般和我爸通话如果能在这两个问题上把"小恩小惠"传达到位了，第三个问题基本上就可以围绕我妈转了，比如"您知道我妈为什么没接电话吗"。我爸对待我也比较省事，基本上就嘱咐三点："吃好喝好，注意安全，注意身体。"晚上无论多晚到家，我必须给我妈发一个平安信息或者语音；飞机一起一落、开机后关机前永远得给我妈打一个电话。这是她所谓的"规矩"，其实我知道这就是儿行千里母担忧，也是一种"掌控感"。虽然我仍然愿意配合我妈早请示晚汇报，但是在摆脱掌控感方面，我也一直努力做着改变。

因为我妈还有社会活动和演出，所以化妆品、衣服的添置，我成年后都承包了。有时候她埋怨我乱花钱买错东西，但总体上，我的审美还是得到了她的肯定。后来我会在钱包里发现我妈给我的"补贴"。开始时不太懂，总是拒绝，后来才明白这既是她自尊心的体现，也是让我不要有太多压力，慢慢地我学会了"顺接"，其实这是一种让她开心的方式，她会觉得自己还有用。我妈特别好强，能自己做的事情绝对不麻烦别人，她总是为别人着想，很多时候都忽略了自己。出门去外面吃饭，无论店大店小，她吃完后都把自己那块弄得干干净净，桌子也给人家擦好，碗筷归置整齐。

我总说她是操心的命，出门吃饭就是让她轻松一下。她的理念是，举手之劳，又没干什么，收拾的人能省点事。每次住酒店，她的习惯是，临退房前，被子整理好，洗漱台上的水擦干净，东西尽量归位。她说："人要互相体谅，谁年复一年、日复一日干一样的活，都受不了，你干了别人就能少干一点。你要让干活的人知道，自己的劳动是被重视的，不是你花了钱就什么都是应该的。"

这就是我妈，弄得我每次出门住酒店也像个强迫症一样，这种"家族代际传承"我是挣脱不开了。

年近 40 岁的我面对快 70 岁的妈，总有些恐惧生离死别。从
2019 年开始，我把工作的重心放到了国内，为的是可以多陪伴一
下爸妈。

我不知道，到了突如其来的某一天，会是什么样子，但是我愿
意在那天到来之前，尽量做到我可以做到的最好。虽然人生都会有
遗憾，但是很多事情等你完全准备好了才开始就真的来不及了。

其实人老了要的并不多：渴望一些"不想打搅到我们"的关注，
柔声细语的称呼，嘴上说着没什么胃口、偶尔像小孩子一样嘴馋时
的纵容。而我们能做的就是偶尔把"妈"这个称呼换成"宝贝儿"，
当她们做错事情的时候尽量把责备换成"乖，没事"，还有就是夜
深人静的时候，替她们把开着的电视、亮着的手机关了。

因为她们终有一天会变成我们的"闺女"，也会让我们抓狂，
也会让我们觉得不可理喻，但这样的日子也会随着时间的流逝在某
一天戛然而止。

那时，我们只能把这份感情寄托在一草一木之间，或者某阵熟
悉的味道、某个熟悉的身影上，在我们回头再想喊"妈"的时候，
发现思念只能停留在"每到清明思故人"的唏嘘中了。

⊿ 母亲的柔弱与刚强

我时常说，"你是母亲，但你首先是你自己"。因为母亲的情绪、代入感、掌控感会影响下一代的性格养成。

没有一个母亲不爱自己的孩子，但在生活里，我们会听到这样的抱怨：我妈总让我产生内疚感，无论做什么，我妈都不满意；我感觉在这段关系中，永远是我在照顾我妈，我常常需要压抑自己，去照顾她的情绪；我妈总对我的私生活指指点点，化什么妆、穿什么衣服、戴什么耳环，她都要管；我希望我妈可以改变，希望她可以聆听我或者欣赏我。

我知道，一定会有人站出来，大声地说："如果有一天你做了妈，如果有一天你经历十月怀胎，你就不会再发这样的牢骚了。"

的确，哪个妈不是从姑娘过来的呢？谁不是从热爱诗和远方的女孩熬成了如今的"老婆"。这就像约翰·鲍比说的，人类的终极渴望，无非就是被尊重、被爱护、被滋养、被关注，从而得到安全感。你需要安全感，你的母亲同样也需要安全感，只不过你的母亲没有像你一样幸运地绕过"家族代际传承"的牵绊。

你不需要去对抗这种不完美的关系，因为这只会加重你心里的负担，你只需要在决定成为母亲前，把那份遗憾变成动力。你的改变和成长，可以创造新的性格，并以此作为代际传承的新起点。

心理学家卡瑞尔·麦克布莱德说过，人生最美妙的时候，就是当你终于确定你的一切问题都是你自己的，你不再责怪自己的母亲，也不再责怪大环境，更不再责怪周围的人，那个时候，你将明白命运掌握在你自己的手中。

家是停靠站，是再次远行时的安稳。这安稳里有母亲的一份惦记。当你体会到人生有了春也开始有了夏的时候，你对母亲才会有更深刻的理解；而当我们对母亲的牺牲有了真正的体会时，那一定是我们也进入了付出和牺牲的季节。

有人说，母亲代表一种岁月的印记，她担负着最多的痛苦，背负着最多的压力，咽下最多的泪水，但仍以爱、以慈悲、以善良笑对人生，鼓励着我们。

和一个职场女性前辈聊天，我问她："女人最难的是什么时候？"她说最难的是生完孩子的那段时间。因为作为一个女性，生育后要面临身体和外貌的各种变化，还要面对心态的变化和职场的挑战。

她笑着说："女子本弱，为母则刚，里外是伤，心甘情愿把娘当。"每个女人都曾是个"对镜贴花黄"的姑娘，为了当好这个妈，她们经历了人生中最狼狈的那几年——生产前义无反顾地放弃了曼妙的身材，小心翼翼地怀胎十月，生完孩子的头两年，努力恢复身材，适应母亲这个角色，尽心竭力照料孩子的吃喝拉撒；更不用说还得担心与社会脱节、怕被领导嫌弃、战战兢兢地面对接踵而至的现实压力了。

为母则刚，里外是伤。刚强的背后，是她们学会了隐藏起脆弱的自己。其实当妈的比谁都更需要一个拥抱、一点安慰。

∠ 2021 年母亲节，
和母亲一起拍视频

父爱如山

有了"母爱如海"，"父爱如山"像是下联一样的存在。我和我爸的关系，8 个字就可以概括：我"怕"我爸，我爸"怕"我。我爸的外貌特点可以概括为：人高马大、虎背熊腰、浓眉大眼。他是这样一个人：破马张飞，热情有余；凡事以他人利益为先，家人待遇靠后；没有灰色地带，非黑即白；心里永远住着一个孩子；平时话不多，但关键时一个顶仨。按我妈的话说，一直以为我爸是块三合板，关键时候也能是块大理石。

△ 模糊的父亲

在我的记忆里，我爸的印象是相对模糊的。因为工作繁忙，我爸经常出差，我妈陪伴我成长的时间相对较多。

但是对于追求平衡和安全感的我而言，我爸这样的行事风格好像与我大相径庭，我总希望有一个可以温柔、耐心地对我讲话的爸爸，可现实中我爸实在是惜字如金，三句话恨不得能用一句话表达，至于"我爱你""我想你"这种话，更是从来没有出现过。

我印象中第一次看父亲哭，是我出国离开家的那一年。

很多人，尤其是男性，都觉得父亲的角色陷入了尴尬的境地，甚至被边缘化了，我们经常听到："你看你爸什么忙都帮不上""我就找了个甩手掌柜""他干什么都干不明白"。其实男人最害怕听到"你不行"，这样一来，他们就索性什么也不做了——一做就错，那么不做就不会错。

很多人说这是因为母亲总是像个守门员一样去守球，使父亲在实际生活中能发挥作用的地方越来越少。这种现象在心理学中叫"母亲守门员效应"，换句话说，母亲的投入阻碍了父亲对孩子成长的参与。

虽然我们的母亲看起来无所不能，但也不要轻易否定父亲在孩子成长过程中的价值，更不要否定孩子的价值，因为我们的双重否定其实是在强调母亲这个角色的自我价值。

父亲功能不健全的家庭，更容易培养出"妈宝男"，产生恋父情结，甚至直接影响孩子组建自己的家庭。

人无法改变过去，但可以决定自己的现在和未来。理解父爱不是为了讨伐父亲，而是为了对心中的父亲形象释怀，让自己的内心保持平衡。

等待

+

接受

+

改变

+

放开

=

成长

Caroline > > > >

△我"怕"我爸

在我"怕"我爸这点上，历史脉络有点长，到我 30 岁时算一个节点。究其原因，我对我爸有些敬畏，有些怵，越怵越拒绝沟通，平时太过依赖我妈这个"政委"的角色。在我们家，"姐弟恋"也是代际传承的——我妈在家里充分扮演了"姐姐"和"超级妈妈"的角色，因此，我爸的职责范围就经常被折叠，甚至被代替。我怕我爸是因为他严厉，他不像妈妈那样对我温柔有加，在他眼里我如同男孩子一样。他总是带我去一些我妈眼里的"危险地带"，比如另辟蹊径，找一条少有人走的山路，去陌生的沼泽"探险"，或者，在下着雨的凌晨，给我披块破塑料布，就带着我去"野营"。

美国心理学家蒂姆·赫瑟林顿的研究表明：父亲是女儿看到的第一位男性形象，我们对男性的认知都来自父亲，女孩如果缺少父亲的陪伴，可能会出现性别认知混乱，而父亲角色的缺失也会影响女孩一生的亲密关系。

在这一点上，我对我爸还是充满感激的。但小时候每次我爸陪伴我，我心里是既激动又害怕。

激动的是我爸可以陪着我疯玩，感觉自由一些。大部分时候，我比较有自知之明，知道自己就是个陪衬——是陪这"大孩子"玩的，但这时，我的内心也是很激动的。害怕的是，我每次被我爸带不是感冒就是发烧，要不就是摔了、碰了、韧带断了，我妈就免不了埋怨我爸"脑袋是徒增身高用的"，一点儿都不知道怜香惜玉。我爸每次接受批评后，都来找我"撒气"，抱怨我的协调力和平衡力。所以小时候每次和他出门，我也要在心里纠结好一阵子。他太不会照顾人了，不像我妈那样对我嘘寒问暖。

我心里一度有个疑问："爸爸和妈妈在供养、护佑、规训、传道这些事上有那么多不同吗？"长大后才明白，爸爸和妈妈发挥的作用是很不一样的。即使一些事妈妈都能完成，但爸爸和妈妈完成的方式与孩子得到的结果都是不一样的。英国精神分析协会主席麦克·巴林特提出一个叫作"震颤时刻"的概念。判断是否进入震颤时刻有三个标准：一是接近危险，二是失去控制，三是恢复安全。巴林特列举了震颤时刻的三个重要动作：陪孩子荡秋千、玩旋转木马、抱一抱举高高这类高抛动作。在陪孩子荡秋千的时候，因为妈妈是细心和温和的，我们大概都会发现妈妈只会晃荡一下秋千，怕孩子被回荡的力度伤到。但爸爸在陪孩子荡秋千的时候，力度通常比较大，所以你会看到孩子在荡回来的瞬间，表情显得既激动又害怕，这个时候，孩子心理上更接近危险，所以孩子的心跳很快。听到孩子激动的声音，仿佛受到了鼓励，爸爸的力度会加大，会重复荡得更用力，高抛动作的幅度会更大。这个时刻就被称为震颤时刻。

孩子在回荡过程中，看到了爸爸和妈妈的不同表情，爸爸是淡定的，妈妈是担心的。妈妈认为孩子安全时才会放松，才会笑，才会心平气和，而爸爸则是对"可以接住孩子"足够自信，孩子的关注点会在力量和可靠上，所以，当孩子在回荡或者被抛起来时咯咯笑，是因为他们体会到了自由和无拘无束的感受。巴林特认为，在这样的自由感的激发下，一个人才会释放更大的潜能，才会对探索世界产生更大的兴趣，所以说，父亲绝对有必要参与"超级妈妈"的日常生活。

虽然在大部分时候，我爸实在是缺乏"眼力见儿"，也一步步把我妈推向了碎碎念的巅峰，但总的来说，我还是在"男女搭配，干活不累"这个约定俗成的法则里健康地活下来了。

◿ 我爸"怕"我

过渡到我爸"怕"我的苗头，确切地说，在我出国时出现。在出国前的 1 个月，我爸就催促我妈给我的行李"查漏补缺"，恨不得我是只蜗牛，把家背走最好。大到炒菜铁锅，小到针头线脑，我的行李里都有。在我妈的再三劝说下，铁锅算是被成功截下，但行李箱还是被方便面等各种速食食品塞得满满当当。我妈说："你准备这些，海关不一定让过，你只要把票子准备好，这些她都能买到。"

我爸在 20 世纪 90 年代被公派前往法国，几个月没吃过一次中餐，最后在我国驻法国大使馆的欢送会上吃到了馒头。所以在他看来，出国就是去挨饿的，吃不到中餐的地方，就不叫能吃饱饭的地方。

临行前的晚上，和七大姑八大姨告别折腾到半夜，凌晨才躺下，我发现我爸房间的灯还亮着。我俩没有什么仪式上的告别，我若无其事地过去和他说晚安。我爸竟然一直坐在床边，他看着贴在墙上的世界地图和我说："从这头到南太平洋，看着近，实际上太远了。"我摆弄着睡衣的衣角说："嗯，是不近。"我爸接着说："你从来没有离开过家，一走就是 1 万多公里，这么远……睡觉去吧，和你妈说明天别哭，到上海转机的时候记得给我们打电话。"我转过身说："知道了，您别惹我妈生气啊，自己也多保重，晚安。"

我妈说我爸一夜没合眼。

第二天的飞机下午起飞，亲朋好友相继离开后，只剩下爸妈两个人。我清楚地记得那天很冷，因为快要过年了，空气里仿佛能闻到大家准备年货的气息，甚至还能闻到过年前有人跃跃欲试提早放鞭炮后留下的二氧化硫的气味。故乡越是弥漫着这样熟悉的气味，越是让我留恋、不舍，越是对陌生环境充满了恐慌。我妈早已哭成个泪人。儿行千里母担忧，她怎么也不能释怀。我上前使劲抱了抱我妈，又嘱咐了几句话。我爸始终话不太多，默默地点点头，然后和我说："缺什么给家里打电话，注意安全，吃好喝好。"我故作坚强地说："放心吧，没问题。"然后转身准备离开。

　　我隐约听到我爸在远处喊了一声："爸爸爱你！"这是生平第一次听我爸说爱我。我妈说他们结婚40多年，他从不轻易把爱说出口，他认为行动有了，爱就在不言中。当我再转过头的时候，他和我妈互相搀扶着，低着头，擦着眼泪，渐渐地模糊在了人群中。我妈说后来我爸等到飞机起飞才离开机场，在回家路上，他一句话都没说，直到第二天我飞机落地，他不停地催促我妈给我打电话，然后一直呆呆地坐在我的房间里。电话一响他就会问："是女儿吗？吃饭了吗？晕机了吗？"我妈说我爸最"怕"我不打电话。

　　其实这些年我和我爸的关系一直处在"破冰边缘"，像两条平行线，各行其道，但保持互相尊重。他没有做好关于我成长的"预设"，我永远是他身上的"挂件人偶"。我们的沟通在青春期戛然而止，确切地说，我们如同生活在同一个屋檐下的最熟悉的陌生人。父爱是深沉的，是含蓄的，它没有母爱那样浓烈与炽热，但可以猝不及防地让眼泪决堤，也会让你在筋疲力尽的时候重拾勇气。

好的亲子关系源于自我修正

我们习惯了和不熟悉的人说谢谢，却不自觉地对家里人疾言厉色，甚至有人是"茶壶里煮饺子"——心里有话，嘴上却羞于表达。好的亲子关系，是相互的珍重。

△ 智能迷雾下，等等老了的双亲

虽然在我爸手术过后，我把工作重心移到了国内，但一年内至少有 1/3 的时间要在海外工作。受疫情影响，自 2019 年 12 月起，我没有离开过中国，在国内待了近两年。

出国工作以后，这好像是我陪伴父母最长的一段时间了。我一直认为自己是一个比较有耐心的人，至少在朋友和周围人面前，我从来没有因为太过急躁而让对方觉得不舒服。可是在面对父母的时候，我才突然意识到，很多人教我们如何与子女相处、与配偶相处，好像很少有人告诉我们如何与父母相处。

小时候，我们像父母身上的挂件，他们说什么，我们做什么，这种感觉就像自己是羽翼未丰的小鸟，因为有人为你保驾护航，你只需要努力地往空中飞，不用担心会从空中跌落。你不会害怕，因为你知道有强大的后盾。

可能是因为生活条件好了，现在六七十岁的老人真的和以前不一样了，他们看起来可能只有四五十岁，但就像我妈经常说的，外表可以用保养品、美容仪，再或者用医美手段来提升，但老了就是老了，反应会变慢，骨骼会变硬，甚至连步伐都会变得蹒跚，何况大脑呢。有的时候她会对我说："你要跟我多说几遍我才会记得。"和父母长期住在一起，我发现自己对他们逐渐没有耐心了。

有的时候工作很忙，再加上要处理的杂事很多，当他们重复问我手机或电脑上的某个操作、用 iPad 如何看电影时，我觉得我已经讲过了，再问我便觉得很烦，甚至声音都会提高八度。开始的时候，他们会默不作声地转身离开，我也没有太大的反应，以为他们真的听懂了。

等到他们又来问的时候，我很不耐烦地说："跟您说完这一遍，下次记住了。"看到他们默默离开的背影，我也会和自己说，下一次一定多一些耐心。直到有一天，我妈又来问我一个关于手机缴费的简单操作，我当时因为工作上遇到了棘手的事，情绪没有地方排解，于是大声地说："您还让我跟您说多少遍啊。"但说完就后悔了，谁能没有老的那一天。

中国有很多老人迷失在智能操作的迷雾中。疫情期间一个简单的健康码、日常生活中一个共享单车的付费、医院里扫码取的检查结果、随时要更新的 App，这些对我们而言信手拈来的操作，对他们来说却是未知的挑战，他们欲言又止，难以启齿，害怕被智能化的世界拒之门外。你如果不能感同身受，请试想这样一个场景：你如平常一样在大雾天出门，不知何时，周围那些看似熟悉的人却突然说起了陌生的语言，你走了几十年的路也变得陌生，四周白茫茫一片，你不知道该往哪里走，也不知道会发生什么，甚至连寻求帮助，都不知如何开口。遇到这种情景，你会怕吗？我会。我想这就是我们的父母面对这个智能时代的感觉。这种感觉像极了我开始面对二次元动漫世界时的体验：不敢问，怕问错，不问又怕落伍，问了又怕人家嫌烦，后辈讲了半天还是没听懂，看着他们一脸不耐烦的样子，碍于面子只能猛点头。我们都有老去的一天，终有一天也要面对新事物，但谁也不想在自己年迈的时候展现一副"讨人嫌"的模样。所以，面对老去的父母，请让我们有点耐心，等等他们跟上来。

△ 学会告别

看过一篇文章说人过了三十岁，有一种压力，叫作上有老；有一种责任，叫作上有老。我想说，有一种幸福，也叫作上有老。

但我们也要明白，他们终有一天会和我们分手。当我们回想起曾经"上有老的日子"，会发现那已成为我们这辈子最珍贵的记忆和一生的怀念。

人生最痛的瞬间，不是你接受至亲离去的那一刻，而是某一天你本能地嗅到一股再熟悉不过的味道，本能地又叫了一声"妈"或者"爸"，是在听到那熟悉的脚步或看到相似的背影，想飞奔过去抓住他们的衣角，却发现那不是你想见的人。

有人说，对亲人的思念从来都是躲不过、绕不开、忘不了、放不下的。思念它无影无踪，却不会随着时间的流逝而褪色，它会一直跟随你、提醒你，借一草一木、一街一景忽然闪现。我们要慢慢学会告别，也要慢慢拥有面对"父母在人生尚有来处，父母去人生只剩归途"这种局面的勇气。这何尝不是一种需要面对的功课呢？

△ 家人之间也要经常说谢谢

家人之间为彼此做了一点小事，都会说声谢谢，很多人说这是一种客套，好像说了谢谢，家人之间就远了。

在我看来，它却是一种尊重，也是一种修养，更是一种温暖的呵护。对待家人虽无须费心，但不能不用心。

有句话说："对待家人的态度，反映你最真实的人品。"我们习惯于把在外面受的气与在外面受的委屈都带回家。因为你知道对家人发脾气后，他们永远都会原谅你。在很长一段时间内，我把卸下防备在家人面前肆无忌惮当作做真实的自己、卸下面具的一个借口。其实，我们不能把家人的这份爱当作理所应当。对他们每一次的付出、每一次夜晚给你留下的饭菜、不管多晚都留下的一盏灯，我们都应该从心底里说一声"谢谢"。

疫情之前，我经常要去国外出差，因为存在时差，飞机落地时经常是凌晨或清晨，但无论我几点回家，爸妈都是醒着的。如果飞机在清晨四五点落地，他们一定会在 4 点半时起床开始给我准备早餐。有的时候，因为身体不舒服、晕机，长时间飞行后我总是希望倒头就睡，到家的时候便总是说一句"哎呀，我不饿，不想吃了，中饭再说吧"。年轻的时候从来没有顾及父母的感受，随着年龄慢慢增长，看到他们黯然失色的面容，无论多么没有胃口，我都会表示感激，享用他们辛苦为我准备的餐食。

记得有一天，飞机落地已经是凌晨 1 点了，我蹑手蹑脚地进了房间，没想到我妈还醒着。忙了一天，我好像没怎么吃饭。收拾行李时，肚子不争气地叫了。我妈那天腰椎间盘突出的老毛病犯了，她从床上艰难地起来（确切地说是一下就起来），没顾上自己的腰疼，跑到了厨房，做了一碗我最爱吃的西红柿面。后来在国外生活，我也吃过很多不同品种的西红柿，好像哪一种都没有中国的味道。

我们习惯了和不熟悉的人说谢谢，却不自觉地对家里人疾言厉色，甚至有人是"茶壶里煮饺子"——心里有话，嘴上却羞于表达。其实夫妻之间、父母子女之间、婆媳之间有时候就差了这一句谢谢。媳妇在家看孩子、做饭忙了一天，希望老公回来说句谢谢；老公在外面打拼看人脸色，回家后希望媳妇说句谢谢；做了大半辈子父母的也希望子女说声谢谢；连你眼中爱强词夺理的婆婆也渴望你在老公生日的时候对她说声谢谢，因为那是儿的生日、娘的难日。就像《庄子》中说的："蹍市人之足，则辞以放骜，兄则以妪，大亲则已矣。"

家人之间的一句谢谢，避免了理所应当，也道出了相互理解。

爱让我们成为独一无二的玫瑰

不找存在感、承认自己没那么重要，需要拥有勇气，需要承受阵痛，需要攒够失望，更需要重新认知自己。

把自己拉到生命的主轴

希望遇到一个"兜里有钱，心里有爱，脸上有面，眼里有情"的伴侣有错吗？没错。希望和愿望本身都没错，错的是有些人误把愿望当成了欲望。

并非所有的欲望都是消极的，只是我们很多时候无法感受到自己内心的空洞，一味地用外在的价值、别人的赞美和肯定来填补这个洞。有时，当我们和某人建立起深刻的关系时，也会借这个人来填补内心的洞。

一旦赞美、肯定、爱人都消失了，我们好像就会被打回原形。大多数时候，一个人的崩溃并不是因为失去了某个人、某件东西，而是因为填补空洞的东西没有了。

因此，我们需要找到自己生命的本体，让自己始终处在生命的主轴，这样，才不会因为无止境地追逐欲望而失速偏航。

⊿ 勇于弥补缺陷，与真实的自己相处

因为童年被霸凌的经历，我成年后有很长一段时间都不太愿意交朋友，因为过往交付的真心和被伤害的经历总在提醒我：不要轻易交朋友。

鲁迅先生说过，很多人见不得别人过好日子，自己没的、别人有，就会心生怨恨。后来想想，并不是自己不敢交朋友，而是因为总有那么一群人，你的真心在他们看来多了几分优越的显摆。

我交朋友的原则就是以诚相待，别人的光我挡不住，我的光别人也遮不住。如果真的碰到一些"没良心"的人，我们也不必暗自伤心。

之所以会伤心，是因为我们总是通过别人的意图判断自己、定义自己。有些人问：为什么越善良的人越容易遇到那些"没良心"的人呢？我看过一个答案：良心啊，是一个三角形的东西，当你没有做坏事的时候，它便静静不动；如果你干了坏事，它便转动起来，每个角都会把我们刺痛，所以会因突如其来的刺痛而停止自己的作为；但如果有些人一直在干坏事、一直在被刺痛，那么每个角都会被磨平，动起来时也就不觉得疼了，所以坏人不会意识到自己在做坏事，因为他们已经习以为常了。

与人相处，最怕深交后的陌生，认真后的失望，信任后的利用，热情后的冷漠。因为我们的烦恼大多来自人际关系。而你知道，与这些让你束手无策的人际关系相比，更令你不知所措的可能是如何与真实的自己相处。

你会分不清别人到底是在开玩笑还是在嘲笑你，你会因白天同事的无心之语辗转反侧，你会疑惑为什么到了而立之年还是主宰不了自己的生活，你会区分不了自己的需求和父母的需求。

为什么明知道是身边的亲人干涉太多，但在鼓起勇气说出自己的想法后反而觉得愧疚、害怕甚至自责了呢？你是不是时常觉得失衡？亲人一边暗示你"干啥啥不行，花钱第一名"，一边又鼓励你树立自信，你怎么办？

如果你已经意识到这是个死循环了，那么不妨先从培养修补缺陷的勇气和力量开始吧！希望我们可以从中找到属于自己的真正的自由和幸福。

在数量中"度量"而行

生活中的我们貌似都在数量中"度量"而行，比如消毒酒精要达到 75% 的浓度，黄金的纯度最高达到 99.99%。

那么让人期许的爱情的纯度应该是多少呢？确切地说，爱情的纯度是什么呢？在我看来，情侣在新鲜感沉淀之后的纯度就是"我愿意和你一起吃很多顿饭，也愿意给你我所拥有的一切"。

如果说亲情是一种深度，友情是一种广度，爱情是一种纯度，那么婚姻一定离不开包容度。

童话故事的结尾停留在"从此王子和公主过着幸福的生活"，之所以没有了下文，是因为就算爱情曾经有"生如夏花"般的浪漫，在通往婚姻的路上，人们也需要放下期许，用包容度去体会爱的感受、爱的能力、爱的智慧。

我们要用爱的智慧和态度去面对一切自己最爱的东西，这其中也包括爱情。就像蒋勋先生说的："因为没有一种东西是不会失去的，即使是在空间上你没有失去，总有一天你也会在时间上失去。所以用这样一种暂时保管的心情，去面对任何一段爱情，你会释然很多。"

△ 不负不欠，彼此淡去

你有没有听过这样的话："当年什么都不行的时候，要不是我怎么怎么样，他都不一定有今天。"咱先不说这个"他"有没有忘恩负义，我先问问当年你和他交朋友时你觉得开心吗？彼时的他有没有满足过你的存在感和优越感？如果有就行了，至于其他，没有什么是亘古不变的，交朋友和谈恋爱也一样。情深不寿，慧极必伤，别抱怨你付出过什么，因为任何一段关系只要有付出就会有牺牲，不负不欠，彼此淡去就好，也要谢谢他让你的名字在他的生命里停留了好多年。

有些时候连我们自己也未必清楚，潜藏在表面之下的善，是真善意，还是仅仅为一场"表演"。不找存在感、承认自己没那么重要，需要拥有勇气，需要承受阵痛，需要攒够失望，更需要重新认知自己。而那些在你心里住着的不能释怀的事情，大抵只有你自己在意和印象深刻罢了。

守卫爱情：退后一步即悬崖

你的微信里有没有这样一个人，你和他已经没有任何关系了，但你就是舍不得删掉他。你经常会想起他，会有意无意打开你和他的对话框，看着你们从前的聊天记录。你有好多话想和他说，编辑好又一一删掉，把想说的话留在了每个深深的夜里。

我经常会收到粉丝的留言，有的人会说："姐姐我结婚了，但总是忘不了前任，他就像心里的一簇白月光。"明明婚姻幸福，但好像就是忘不了过去的那个人。还有些人被前任伤害了，竟然还舍不得删掉前任的联系方式。

我们放不下一个人，并不是放不下这个人本身，是我们放不下心中的不甘和那些我们曾经为之付出的时间与精力，说白了就是有一种自欺欺人的感觉：自怜于曾经故事中的自己，自嗨于曾经故事中的情节，于是就有了舍不得、放不下的人。

喜欢是相互吸引，喜欢不代表合适。不合适的人，即便再喜欢，两个人在一起的痛苦不会比快乐少。而分手，不一定是因为不喜欢了，可能是因为在一起很累，可能是因为看不到未来……原因太多了，但根本上是因为不合适了。

往后的时光，就算没有一屋两人，你也要三餐四季，照顾好自己的五脏六腑，别没事就让自己那颗小心脏七上八下，希望你不论做什么都可以十拿九稳，按自己的心意十全十美地活着。

涵畅
认知升级

怀惴本真之心，不失浪漫地爱自己。

青春无悔，荣耀无畏：人生在于选择

无悔：我的青春与大学梦想

初中经历了某位老师的不公平对待，加上遭遇同学霸凌，我已无暇抱怨"虐我千百遍，我还必须待它如初恋"的中学生活。

我顺利参加了高考，然后带着不知从何而来的勇气在志愿表上填了"不服从调剂"5个大字。

快乐的日子总是过得很快，高考成绩下来，其他科目没让我失望，只是数学又一次拖了我的后腿。我的数学成绩一如既往，的确，它从没让我"失望"过。在这样的情况下，年级组长还给我妈发来了亲切的"贺电"："您孩子这回还不错，数学挺难的，她竟然及格了，没拖后腿……"

这是我印象中最后一次听到关于自己数学成绩的点评。在其他孩子开始疯狂撕书、庆祝结束"兵荒马乱"的高中生活的时候，我却"逃出虎口，又入狼穴"，开始准备雅思考试。

我以25分的差距，与中国人民大学失之交臂。因为"不服从调剂"，我落榜了，没有了大学可读。

　　摆在我面前的，是两条路：第一条路，复读；第二条路，海外求学。

△ 高考失利，拥抱墨尔本

　　我一直觉得，在求学这条路上，我像个"受难英雄"的角色，别人做起来很简单的事情，到了我这里总是变得很难；别人很容易出的成绩，在我这里总是会呈现千差万别的状态。

　　在相继被美国和加拿大拒签后，澳大利亚成了我"候选"中的"必选"。

　　我对澳大利亚唯一耳熟能详的城市是悉尼。1985 年，我两岁的时候，母亲去澳大利亚交流访问，当时，悉尼歌剧院曾向她伸出橄榄枝。但她考虑到要照顾年幼的我，放弃了在悉尼歌剧院深造的机会，毅然回国继续扮演一个平凡母亲的角色。

　　我不知道是不是冥冥中老天的一种安排，或者说一切都是最好的安排，19 岁那年，我开始了澳大利亚的留学生活，坐标墨尔本。

△一波三折：复议寻回的"7.5 分"

因为和中国的季节是相反的，墨尔本的 3 月进入了秋天。

我按期参加了雅思考试，并自信地认为，一定可以取得 7.5 分的成绩。

可我拿到的是一份只有 4.5 分的成绩单。在和校方交涉的过程中得知，我可以进行再次确认，也就是复议，具体操作是写一封信给英国文化委员会，提出质疑点和要复议的项目，复议通过就可以拿到应得的分数。当然，这不一定成功，但是人生当中你连试一次的机会都不给自己的话，你又怎么知道你会不会成功呢？

临近 6 月，离开学还有不到两个月的时间。如果这期间我没有把这份复议的成绩单拿到手，我就赶不上 6 月的入学，这意味着我又要在这里浪费一年，我的父母要为我多交一个学期的学费。学校里的 Yvonne 老师很郑重地告诉我，很少有中国学生复议成功，她甚至告诉我这样做的成功概率不到 5%。她说："与其在复议上浪费时间和金钱，你还不如再读几个月的语言课程。"

我不允许自己妥协，就算机会渺茫，试一下总归无妨。于是我写了一封信，交了 200 多澳元（2003 年澳元兑人民币的汇率将近1 : 8），寄到了英国文化委员会。

我不知道成功的概率是多少，我只知道这将近 3 个星期的等待是一个很漫长的过程。从高三毕业等待成绩单，到计划出国后等待签证、等待通知，好不容易踏出国门求学又遇上了等待，那时我感觉我的生活中只剩等待了。

一个星期过去了，没有任何消息。我开始用邮件催促对方，但没有等来任何回复。国际长途电话很贵，直接询问英国文化委员会教育部，每一次都要花费一张 20 澳元的国际长途卡，但因为我觉得 4.5 分肯定不是我的水平，于是强忍心痛支付高昂的电话费也在所不惜。

4 周过去了，我已经错过了正常的开学时间。和我一起读语言学校的几位同学已经拿到了圣三一学院的录取通知书和学生证，可是我仍然在等待。

我最好的朋友 G 对我说："你可以用我的学生证去学校借书，甚至去听一些课。"我询问了一些同学课程安排，便拿着她的学生证去蹭课，奔走于墨尔本大学（圣三一学院在墨尔本大学校园内）。

6 月的一个周六傍晚，学校给我打了一通电话要我去取复议结果。离语言学校关门只有一个半小时了，而从我家里到语言学校，就算赶上 4 点 10 分的那趟车，也要一小时才能到（墨尔本从郊区到市区的公交车，每 25 分钟或 40 分钟开一班)。

下午 5 点 45 分，我踏进了学校的大门，传达室开始准备关门，我拿到了属于我的那封从英国寄来的信。

按照规定，复议如果成功，对方会把复议金退还给学生。我记得当时既紧张又忐忑，我轻轻地撕开了信封的一角，确切地说，是在厕所的马桶上轻轻地撕开了信封的一角，我看见了支票的字样。我知道，我的复议通过了，果然是 7.5 分。

那一刻，我坐在马桶上，失声痛哭。

△ 苦练：用 2 年读完了 3 年的课程

可问题接踵而至，我已经错过了正常的开学时间，我还有机会入学吗？还是说我要等到半年之后才能入学？

第二天一早，我奔向了学校入学中心，向有关人员解释我的情况。但是，他们说我已经耽误了两周的课程，而且作为一个国际留学生，他们不确定我能否赶上入学。

我说我上了一些老师的公共课程，能不能给我一次机会让我试一试？其中一门任课老师回复，他们将于 8 月开始第二个学期的学习，如果我考试通过了，就可以进入学校；如果没有通过，则必须做好思想准备，因为那表示我可能会成为明年 2 月入学的学生。

这意味着，我需要自行完成先前将近 2 周错过的 4 门主修课和 3 门选修课的课程。

还好这次没有让我失望，我的成绩通过了，虽然没有得到全 A+，但至少保持住了 A，我顺利地进入了圣三一学院，又顺利进入了墨尔本大学的国际关系学院开启了正常的学习生活。

在别人那里很容易的事情，在我这里好像总要绕好几个弯，但是我总认为，该是你的，终归会来到你的生命里，只是有的时候你经历的过程会比别人更艰难一些，但这才会使你更珍惜所得到的东西，不是吗？

2008 年，我顺利考入墨尔本大学研究生部。也是在那一年，我有幸拿到了国际留学生奖学金。这是颁给学业表现最优秀的硕士的奖项。对此，我很高兴，因为自己凭借努力获得了这份殊荣。

如今想来，这一切荣誉都与复议英语成绩息息相关，我为勇敢而无畏的自己点赞。

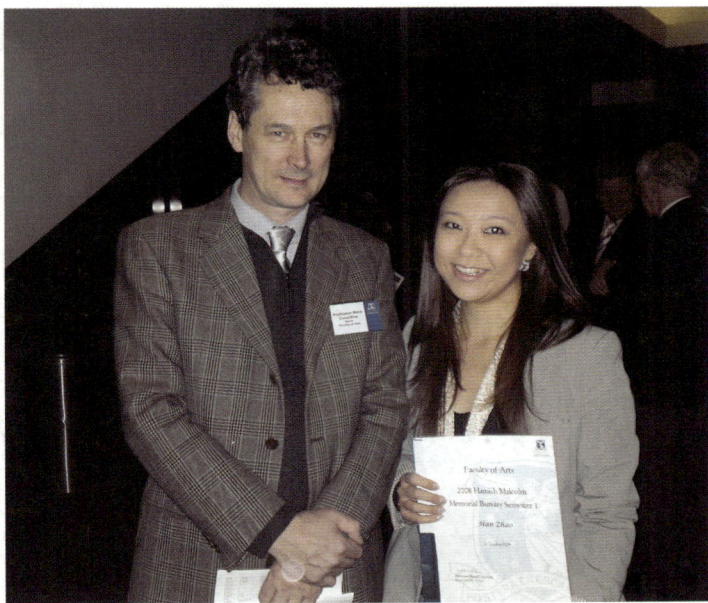

∧ 系主任颁发国际留学生奖学金

荣耀：突破厚厚的否定墙

2007 年夏天，我的导师普拉迪普（Pradeep）写来一封推荐信，他说迪肯大学（Deakin University）希望推荐一位在墨尔本大学学国际政治的中国籍学生，担任助教。

那时，我刚接到研究生的录取通知。

　　进入研一遇到的第一个门槛是给本科生担任助教，这对我来说是一个极大的挑战，第一，我要用第二语言给第一语言的学生讲一门课，叫作"中国的和平崛起"（The Rising Power of China）；第二，是身份转换，都说人最怕的就是换位思考，站上讲台，意味着从学生的视角转化为老师的视角。

　　我记得第一天去上课是 7 月初，是墨尔本的冬季，下着绵绵的细雨，从市区到二区大概要倒两次车（从一区到二区，人们习惯坐火车或无轨电车），耗时将近两小时。我记得第一次走进教室的时候，我被当成了同学。

　　放在今天，我一定会笑出声来，这说明咱看起来年轻呀。可是当时的我，因为没有太多的自信而产生了恐慌感，我甚至觉得好像离胜任助教这个职位相距甚远。第一堂课，我的脑子大概就是一片空白，我只觉得讲台底下黑压压的一片，其实只有 25 个学生，却还是觉得自己有点吃力。

　　大部分学生对中国的印象无非是宫保鸡丁、麻婆豆腐、大熊猫，这让我很诧异。已经进入 21 世纪了，为什么在一个到处都是中国城、中国人、中国食物而且文化多元的城市，人们竟然还持有这样简单的认知？我更愿意用我的经历，把我的祖国的真实样子传递出去。

△ 在第一个寄宿家庭遭遇暴力恐吓

一开始我住在一个澳籍西裔的家庭里，女主人是单身母亲，这是她第一次接收中国学生，对我和我的室友要求很严格。

我的室友是一个在日本生活多年、来澳大利亚游学的华裔女生。她比我大很多，之前和弟弟在日本打拼，来澳也是为了练习英语，为了节省开支，所以选择住在寄宿家庭。我俩万万没想到，这位女主人是一个偏执型人格障碍患者（到今天为止，我们仍不愿意把她想象为一个恶人，因为不知道她经历过什么，我们无权评价）。

她酗酒，有暴力倾向，还有情绪障碍，无论我们做得多好，她总能从中挑出毛病，还总在我们每个月的房租上做一些小手脚，比如在话费上做手脚、收取转接费等。

2004 年，入住几个月后的一个深夜，因她酗酒后的言语威胁和暴力行为，我报了警。不是所有人都值得你和颜悦色，因为有些人未必会以同等的姿态对待你。

当地警察抱着息事宁人的态度告诉我，是语言不通引发了误解。即使有现场录音和华人小姐姐作证，警察也只是对女主人做出了口头批评和警告。

我俩提心吊胆地在屋里过了一夜。第二天，小姐姐要回日本工作了，我也不可能再在这个家里住下去了。

我该怎么办？哪里才是安身之处？我将遇到谁？那一瞬间，悲伤、无助、孤独再次向我袭来，身处异国他乡的我举目无亲……

番外：感念 Mrs.T 一家

人生分水岭将我的生活分成两部分，19 岁之前爸妈包揽了一切，19 岁之后选择就都在自己手里了，这种感觉就像一副多米诺骨牌，一张牌倒下，后面的牌就会接连倒下，你想停都停不下来。

△ 遇见 Mrs. T 一家

遭遇暴力恐吓后，我请了一天的假，走访了学校提供的 5 个寄宿家庭。

前 4 个家庭感觉不太顺利，我也是抱着试一试的态度走到了第 5 家。门铃响后迎接我的是一只德国牧羊犬，它很热情地向我扑来，我本能地后退了两步。我是很喜欢狗的，但是它的热情超出了我的预期。紧接着，女主人出来了，和我一样，有一张亚洲面孔，说着一口地道的英音。我礼貌地用英语和她寒暄，她竟然开始用中文与我对话。

她很热情地把我请到了屋内，说可以称呼她为 Mrs. T。

我把我所经历的告诉了她。那天是她的生日，而当时我是不知道的。那天晚上，她二话不说，开着车到我前一个寄宿家庭，帮我把行李收拾好，告诉我这个月的房费不着急支付（因为前一个房东并没有把预付金还给我）。

△学会分享，学会长大

Mrs. T 有 3 个女儿。当时大女儿在中国香港，二女儿和我一样在大学里读书，小女儿还在读高中，我们几个女孩子便住在了一起。还有对我很热情的牧羊犬 Kuki——发音与饼干英文（cookie）一致。

夏日的一个午后，Mrs. T 拿回来一个大西瓜，她让我把西瓜分一下。尽管我觉得自己分得很公平、很到位，可是在 Mrs. T 眼里，我好像把最好的一部分留给了自己。作为独生女，过去的 19 年，我理所应当地得到了最好的部分。

晚饭过后，Mrs. T 走到我的房间里用英文和我说："首先，在我的家里，你是不可以说中文的，除非跟父母打电话。因为他们花钱把你送出国，是希望你的英文水平有所提高，你住在我这里，我必须与他们在这一点上达成一致。"紧接着，她说："我知道你是家里唯一的孩子，我也知道父母总是把你当作掌上明珠，但人生里有很多事情是需要分享的，甚至需要把最好的部分和别人分享，这会在未来让你明白什么是利他精神。别人替你分担了你生命中不够好的，这是别人在帮助你，这不是分享。"

西瓜一事让我第一次意识到自己把很多事情当作了理所当然。

母亲教会了我做人的原则，Mrs. T 的出现则拓宽了我的格局。这些习惯的改变，改变了我的命运，也塑造了理想中的自己。

∧和 Mrs. T 一起春游

Mrs. T 夫妇经常说我是他们的第 4 个女儿。因为是女儿就一定不是只有顺从，一定有争论和对峙。之后，听了 Mrs.T 的话，在我们友好且融洽的争执氛围中，我的英文口语和写作能力突飞猛进。重新认识自己需要时间，更需要勇气去接受固有的认知偏差。当环境改变，我们需要的是接受和顺应这种改变。越是抗拒，越会带来痛苦和焦虑，与现实的拉锯战会让我们消耗更多的精力和能量，故步自封而失去了生命前进的动力。

在打破固有思维、重塑自己的过程中，我发现，过去的自己一直像一只被麻绳五花大绑的螃蟹。这些麻绳的束缚，来自原生家庭的严格，也来自我对周围不同声音的恐惧。一面害怕被讨厌，一面又很难做出改变。而这些焦虑和消耗就像身上的麻绳，挣不脱也不能挣脱，想改变又被旧有的模式捆绑。

人之所以难改变，是因为旧有的模式和认知一旦遇到不同的大环境，会形成条件反射，让自己完全陷入其中。其实要解开捆绑自己的麻绳并不难，因为我们有无限的伸展性和可塑性，我们需要做的就是思考如何打破那些旧有模式和自己的习惯，如何在变幻的大环境下捋顺周围与自己的关系，然后顺应这些改变。

2007 年，Mrs. T 一家要移民加拿大。在他们搬家之前，Kuki 好像心有灵犀，知道要和我分开了，它每天都会乖乖地趴在我脚边。

离开前，Mrs. T 特意来了一次中国，并留给我一封长达 6 页的信。信中，她把第一次看到的我和离开时她眼中的我描述得细致入微。从我第一次踏进她家门时的手足无措，到几年后我成为理想的自己，她说她为我感到骄傲。

与其说这是一封信，不如说是我重新整合自己后交出的一份作业。直到现在，我还和 Mrs. T 一家保持着联系。

V Kuki 陪伴我

活出原创，赢得梦想：凤凰涅槃守初心

入职凤凰，一心想要证明自己

很多人都说，一个人的职场关系、婚姻关系是为人处世的关系，都和原生家庭有着密不可分的联系。

刚进职场的时候，我就像打了鸡血一样，迫切地想证明自己，希望和每一位同事搞好关系，希望每一件事情都能得到领导或上级的认可，这可能是每一个新人的心路历程。

△ 身为新人，不小心过了界

做新人别害怕，水别没过船，心别大出界，其他别听也别怕。

2010 年 5 月 17 日，入职不久，我就被赶鸭子上架似的开始接手工作了。在国外待得太久了，习惯了把自己晒成小麦色，也没觉得有什么不对。但按我妈的话来说就是，"白白净净的一小姑娘，非把自己弄得和沥青一个色儿"，再加上描眉画眼的深邃欧美妆，有一天我就在洗手间听到了这样的对话。

A：唉，听说咱们这来了个"黑妞假洋鬼子"，你知道吗？

B：没看见呀，但听说了。

A：把自己弄得那叫一个黑。据说英文不错。

B：估计是没少交老外男友。

A：捯饬得人五人六。

B：看起来不像是来上班的，肯定也不是什么省油的灯。

　　当时的我在洗手间半天没敢出声，放到今天，我一定会冲出来和她们理论一番。她们话里满满的嘲讽，就像我和她俩有仇一样，其实这无非体现了她们在竞争下产生的一种不安罢了。我当时没有出声，是因为作为新人怕了吗？应该不是怕了，可能是觉得"人言可畏"。因为年轻，因为学历，因为自己具备别人不一定有的经历，在还没有实际接触时就被偏见贴上了负面标签。好在我心比较大，一心想着做点什么改变这种偏见。

　　工作第一天，《风云对话》栏目要采访一位来自别国的嘉宾。阮次山先生问："涵涵，你会写英文的采访邀请函吗？"我说："我可以试试。"先生说："不要试试，可以还是不可以。"我说："可以。"他说："你写一份给我看看。"我就开始动笔，半小时后将邀请函发到了他的邮箱。

不久，他叫我过去。我忐忑地问有什么问题。先生说："结构很好，把每个点，就是把要采访的人和提纲做得再详细一点。你是学国际政治的？"我点点头，于是先生开始和我说英文，大致内容就是问我对2010年前后我们与某国的关系的看法。我从政治、经济、文化及军事方面提出了自己的观点。阮先生一直在纸上写着单词，一边应声，然后说："以后采访嘉宾的提纲由你来拟定，给我看一下就可以了。"看过3次后，他发邮件告诉我："以后不用再让我看提纲了，直接按照你对时事的观点写邀请函，附上提纲要求就可以了。"4年里，先生再也没有看过我提前给各大使馆新闻处列的提纲问题。

有一次，在距离嘉宾到来还有3天时，专访的时间、地点，甚至是否有机会采访都是不确定的。带着满满的热情和"初生牛犊不怕虎"的勇气，我在没有得到会见许可的情况下就去了某驻华使馆。因为没有预约，我吃了闭门羹，但看在凤凰卫视的面子上，我还是被邀请到了会客厅，只是一直没有见到新上任的新闻官。我从上午一直等到下午5点，突然看到一个像新闻官的人走过。我也不太确定这个人是不是我要找的人，但还是抱着一堆台里的介绍和主持人的简历，大声叫出了对方的名字，然后没等他反应过来，我就开始像"保险员"一样，递名片，"推销"起凤凰卫视来。新闻官听了5分钟，接过我准备的资料，说："我现在要开会，你明天可以在网上或发邮件和我约时间。"我说:"如果可能,给我们 15 分钟就可以。"

我知道我又自作主张了——一集 25 分钟的节目只做 15 分钟采访怎么够。但我的设想是,如果访问期间主持人可以就一个问题进行延伸,也许就可以完成一期节目。我把连夜背下来的材料一股脑都说了出来。

因为中午没有吃饭,肚子也跟着左一声右一声地叫。新闻官礼貌性地从兜里掏出一根巧克力能量棒说:"我觉得你应该是累了。你来了一天吗?"我说是,心里想这不是明知故问嘛。他说:"我应该可以在 20 日给你们一些时间,能保持时效性吗?会出新闻吗?"在这之前,我其实没有和新闻组打招呼,但我还是自作主张地答应了。"但只有 14 分钟,可以接受吗?"我心里直犯愁:"14分钟,剪掉广告和废话,可能连半集都不够。"但还是满口答应了。

回来的路上我开始复盘:我犯了一个错误,我太想证明自己了,为了达成专访,我尽可能地随机应变,不惜越级、越部门地自作主张,触碰了别人的奶酪也不自知。

教训是惨痛的,本想着息事宁人、岁月静好,却不料这种"水没过了船"的做法招来了更多的敌意,自然也没少给自己添麻烦,甚至不自觉间还与别人拉开了距离。

∧ 入职第一天与阮次山先生合影

△ 别把运气当才华，别把平台当本事

5 年里，我和阮先生的团队一起采访了将近 500 位知名领导人、历史学家、学者、名人，也有幸跟随团队飞往四大洲。我更加深刻地体会到，在职场里，你可以讨厌很多人，你也可以喜欢很多人，与喜欢的人共事，那不叫本事；但能理智对待自己看不惯的人并与他共事，这才是本事。

记得刚入职不久，我接到通知，要跟阮先生的团队一起采访。

那时一身棱角的我，对待很多事情都带着自我认知的偏差。因为存在文化差异，我在采访现场与对方的工作人员发生了一些小摩擦，对方的态度让我一度失态，后来在对方代表的道歉下，矛盾才得以平息。

当时，我觉得我的女性身份被不公平对待了，言辞和行为从自己的情绪出发，而不是从解决问题的角度出发。

采访结束后，当晚我给阮先生发了一封邮件，内容主要是检讨和道歉，反省自己当时的行为。先生只回复了简短的一段话，他说："不要轻易把自己的运气当作才华，也不要把脾气当作本事。"

后来在凤凰卫视工作的 5 年里，我一直把这句话铭记在心，当作给自己的"警诫"。

今天，我想在这个基础上再延展一下，那就是别把运气当才华，也别把平台（影响力）当本事。

很多人都问我："涵涵姐，你处在流量很好、频出'爆款'的时期，为什么不再努力一下，成为'风口上的人物'呢？"其实是因为，我不想让自己成为大红大紫的果实，挂在树梢上，让人垂涎欲滴。中国有句老话叫树大招风，果实也是如此，如果它过于丰盈、过于饱满，看到它的人一定会随手把它摘下来，那么它的生命历程也就结束了。无论在网络世界，还是在实体行业，皆是如此。细水长流，一步一个脚印，这样才能从每一个阶段发生的事情中思考和体会"功不唐捐，玉汝于成"。成名未必要趁早，晚熟也是一件好事。若是在意识形态、人格价值和内心信念都没有形成时走到塔尖，你会发现自己的心理承受能力根本跟不上，这反而不利于长久发展。

△ 不要总是把别人的期待放在首位

我们总想搞明白，在职场招来"敌意"的原因。在这之前，有没有问过自己是否有着苛求完美的同时又总想取悦他人的特点呢？

马歇尔·戈德史密斯在解释职场女性的弱点时说："大多数完美主义者都不太会放权，想着亲力亲为，因为你和自己最常说的一句话就是'有那个和他们废话的时间，不如我自己做'。"如果你在职场中不会放权，那么你在家里的表现也一样，你的家人和你的同事都会感到焦虑，你甚至还会招来同事的敌意，因为你会在无意中把别人的工作抢着干了。同时，这也暴露了你分不清事情优先级的弱点。

总想取悦他人者，也自带"招黑体质"。总想当老好人的心理，让你不得不承担了很多不属于你的工作，也会在无形中给团队带来额外的工作负担。不要总是把别人的期待放在首位，要记得你想在职场中成为一个怎样的人。

△ 容忍不完美的员工

我一度认为自己是个"眼里揉不得沙子的人"，做事原则性强，见不得歪门邪道，甚至很难妥协，在某些方面这一度成就了我的事业，但同时也成了我事业上的盲点。

刚回国不久的某一天，我和一位有过一面之缘的前辈吃饭，饭桌上，他突然对我说："我发现你是个挺矫情的人。"

当时我对"矫情"有不同的看法，我一直觉得矫情是个贬义词，是不太了解自己人格缺陷的人所患的一种"病"。后来才发现，实际上每一个人都是"矫情"的。说白了，人们就是对周围人的包容性不够，缺乏"外圆内方"的修炼，才会偶尔表现出完美主义者的清高。

如果你是个初入职场者，你要记得公司里没有完美的环境，就算遇到好领导，也未必遇到好同事。如果你是个高层管理者，请你容忍不完美的员工，说得直白一点，如果大家都和你一样厉害，那你就不被需要了。

守护初心，别不小心活成了盗版

每个人出生的时候都是"原创"，一些人却渐渐活成了"盗版"。有这样的感受，还得从我回国工作时说起。

我入职凤凰卫视不到一个月，就被派去了利比亚。

在很多人眼里，这是难得的机会，尤其对一个新人而言。但对于在海外生活、工作了一段时间的我来说，这就是我的工作，工作来了，我就抓住机会做好，至于其他事，似乎和我没什么太大的关系。

直到某位领导问我："刚来就被安排出差，有什么感受吗？"我诚恳有加地说："我会做好我的工作。"（当时，我的潜台词是"这是我分内的事"）结果领导脸一沉，让我出去了。

现在想想，我应该在前面加一句："谢谢您给予我这次机会。我一定会好好努力，不让领导失望。"

谁都愿意被肯定，领导也是如此。给你机会，你就要学会感恩，能力再大，没有被需要也是浪费。

很多人懊恼自己慢慢活成了曾经讨厌的样子。其实仔细想想，我们只是慢慢离开了舒适区，向不熟悉的环境迈进了一步。

　　关键在于，即便历经山河，无论莽撞冲动，抑或游刃有余，初心不易，仍能秉持衡量标尺，始终保有一份真心和善良，并以此迎接未来。

　　都说太阳底下无新事，活成别人的盗版更是常事，但这未尝不是一件好事。这让我们可以审视自己、了解别人。

　　正所谓"察己则可以知人"，要想了解外人，我们其实不必外求，回归自己的内心就好，但前提条件是你要保持自己的初心——知世故却不世故。

　　虽然在这个过程中我们竭尽全力寻找成功，但找到的好像都是成功之母——失败。我们会在寻找适应社会和人际的平衡点的过程中，先后经历"原创"价值观被颠覆、"盗版"价值观被植入、原生价值观和新生价值观碰撞的过程。

　　这个过程一定是一段虐心的旅程，在这期间，我们会看很多人不顺眼，我们会产生很多委屈，甚至经历很多次失败，你可能会觉得自己离成功很远，你也经常会看到失败的身影，但每一次失败，实际都让你离成功更近，而那些看似走捷径的一时之快，未必是真的成功。

△ 成长好比嗑瓜子，本身是一种能力

进入职场一年后的一天，我被叫到了某位上司的办公室。他对我说："听同事说，你的英文不错，也挺和善、好说话。我家人要完成一篇博士论文，要求中英文版本同时上交。"他问我是否可以代笔。

我不假思索地回绝了。除去精力、时间的问题，还有更重要的一点：我反对学术造假。

在我看来，每一次提交的论文、每一次做的研究，都应谨慎，一是尊重原创，二是保持学术界的环境清明。领导略显尴尬，半天挤出一句："好的，我知道了，你可以回去了。"

那一年，我几乎没有被安排出差，即使绩效表现甚佳，但年底没有得到任何嘉奖。

这次事件后，看似我离职场成功越来越远，但从长远来看，这一定会让我离自己的成功又近一步。

成长本身就是一种能力，就像嗑瓜子，得咬牙才能嗑出来。

想活成原创，就必须按照自己的意志拓展生命，成功也罢，失败也罢，都能让自己不断体会自己的生命与其他存在的碰触。

喜欢就接受，讨厌就拒绝，不满就表达，受了委屈也别暗自伤神。真心待你的人不会让你为难，为难你的人也不值得你真心以待。

△ 从学生思维转换成职场人思维

要从学生思维转换成职场人思维，我们可以参考以下 5 点。

第一，学校更在乎学习过程，职场领导更在乎结果，比如 KPI 超额完成了多少、客户转化率有多少。

第二，在学校，老师在乎努力的态度，这次考不好还有下次；在职场，你要明白，公司不养闲人，更不会用公司利益给个人交学费，等着你成长。

第三，在学校，就算关系不睦，你也能使个小性子；在职场，就算有人给你"穿小鞋"，你也要隐忍不发，一项工作需要多部门配合，不能把后路堵死了。

第四，在学校，你只需自扫门前雪，关注自己的学业，让自己顺利毕业；在职场，你也要有利他心，关注公司的整体利益。

第五，在学校，你可以找老师评理；在职场，就算你是受委屈的一方，你也要学会自我消化与成长。

"个人权力的大小会影响其与别人产生共鸣的能力。"

说到共鸣的能力,就要提到心智水平、个人阅历、价值观等因素。

我的体会是,在职场,很难有人真正做到共情,人类的悲欢并不相通。正如太宰治说的:"那些共情能力弱的人,只不过是自私且光明的幸福者。"

△ 培养感知力,避免"事故"

察言观色不是世故,却可以规避"事故"。

信息对称是职场中另一个需要注意的地方,也是无论新人还是老人都容易忽略的地方。新人犯错是因为没有经验,老人失误则是因为经验充足。比如有些人接到了口头通知,没有二次确认,就埋头苦干,结果却在细节问题上被人钻了空子。

很多年前我在总部领奖的时候就遇到过一件类似的事情。

领奖前,我被通知要在总部大领导那里做一个 5 分钟的感谢演讲,我再三询问形式,都被告知自由发挥,甚至可以不脱稿。这些年的经验告诉我,再自由发挥,在大领导面前重要的不是读了什么、念了什么,而是随机应变的能力和逻辑思维;发言不仅要陈述一年的业绩和来年的目标，还要表示对领导的感激。到了总部，领奖前的几分钟，我被告知演讲是脱稿，不是 5 分钟，是 15 ～ 20 分钟，要以诙谐的形式进行，最好要把做过的几个项目的具体数据包括在内。通常情况下，"最好怎么做"这个提议是可以忽略不计的，可一概当作"必须"理解。

在宴会厅里，我发现某些穿着五颜六色服装的高层以挑剔的眼神齐刷刷地看向我，其中一位还隔空举杯预祝我演讲"成功"。这时，我把一周前就准备好的数据和演讲大纲在脑子里又过了一遍。

按我这种"人来疯"的性格，正愁自己的话痨属性得不到发挥呢，这不就是"心不唤物，物不至"吗？上台后，我先感谢了这帮"看客"，也顺带点名道姓地"感谢"了隔空举杯的那位多给我的 15 分钟，还不忘睚眦必报地提到我在 5 分钟前才知道演讲要求。

20 分钟的演讲顺利结束后，我回到座位上，也不失礼貌地隔空举了个杯。职场中少不了办公室斗争，如果不能摆正自己的位置，就算七大洲五大洋地轮番换工作，把自己弄得精疲力竭，也难免要吃居心叵测之人的暗亏。

卡尔维诺在《巴黎隐士》中说："我对任何唾手可得、快速、出自本能、即兴、含混的事物没有信心。我相信缓慢、平和、细水长流的力量，踏实，冷静。我不相信缺乏自律精神、不自我建设、不努力就可以得到个人或集体的解放。"我想，这个道理在职场里同样适用。基于这个观点，我也愿意给出几点我的建议。

第一，别因为竞争激烈，就怀疑自己的人品，或者觉得自己反击时是多么邪恶。声嘶力竭和有仇必报，是对别人的恶意做出必要的反击。

第二，别因为职场里的小人而放弃你追求的生活，包括你的衣品、妆容和身材。

要消受得起别人的嫉妒和闲话；如果不能，就回家看看你"一掷千金"投资来的衣服、首饰、包包和保养品，若是脑海里出现"不舍得"三个字，那么第二天依旧美美地穿上、戴上，依旧锋芒毕露，因为你受得起。

第三，好好吃饭，好好睡觉，一如既往地好好打扮自己。因为第二天你进入办公室时的精神面貌，就是最好的回击武器。

对那些不怀好意的人，你应该在脸上摆出"老娘就是配，就是应该比你过得好"的气焰。你的身体健康比天大，地球离开谁都能转，职场离开你，也会有其他人来填补空缺；但你的亲密关系里如果没有了你，将会是另一番景象。你的幸福和职场职位的高低没有什么关系。

第四，高敏感性累心，钝感力强费脑，恰到好处的感知力一定不能少。感知力离不开倾听和交谈。

可能的话，从你自己开始，从你的呼吸开始，感知自己的情绪来源，情绪和潜意识一定是由内而外的，因此，了解了自己才能感知外界；再试着从身边人、亲人开始感受，从大自然中的一棵树、一块石头去感受和体察情绪，把自己的感觉和认知调整为和谐状态。在职场里，不需要做"惊弓之鸟"，也不要做"初生牛犊"，恰到好处的感知力能让你不盲目自卑和过度自负。

第五，多读一些哲学书。

在儿时，你可能缺乏开放的、包容的环境，身处其中，那感觉就像温水煮青蛙。在你还没有意识到的时候，这种感觉会直接影响我们的职场生活。学会从现实世界吸收信息，这样才能构建自己的内心世界，你会按照自己的主观意愿去做事，你终会找到书籍和现实世界的契合点，从而走向成熟。这个过程可能不太顺利，但你会慢慢明白：读书是一种向外寻求帮助的有效形式。书是一个避难所，它让你在遇到任何问题的时候都能得心应手。对我而言，书，尤其是哲学书的作用远不止如此。我可以用书中的信息抑制自己的情绪波动，在一次次崩溃后重新建造自己的世界。

话要软着说，事要硬着做

你觉得长得好看是一种资本，还是会增加几成让人嫉妒的概率？我看过一个姑娘的留言：我研究生毕业第一次面试，头像照片也很漂亮，家庭条件也不错，当季的新品、潮流单品也都毫不吝啬地穿戴在身，想要面试一家亚洲 500 强的企业，面试前几周就开始费尽心思地挑选衣服，尽量避免大牌傍身，也没有选择过于暴露的款式，但是貌似这样的选择也是错的，遇到个女面试官，她一直用特别的眼神看我并连珠炮式地发问，入职后更是百般刁难，感觉穿得好看就是错误。

我的回答是这样的。第一，你能让自己不嘚瑟、不花枝招展吗？如果不能，那就让别人嫉妒一下，嫉妒的本意不是见不得你好，是希望自己能变得和你一样好。

第二，你是来挣钱学本事的，不是来选美的，话要软着说，事要硬着做。

所谓"话要软着说"，是保持新人该有的本分和规矩，明白自己是来上班的，不是来上学的，没人会为你的不懂事买单。说话要懂得分寸，职场要看个眉眼高低，论资排辈，顺序不能乱。受到职场前辈、长辈的点拨，哪怕是建设性意见或者建议，也要虚心接受，并做到有则改之、无则加勉，凡事多说"谢谢"。

所谓"事要硬着做"，不是说要像石头一样顽固不化，不知变通，这里说的"硬"，是让自己在专业领域里做到"没你不行，不可取代"。说白了，能力就是你在职场的底气。人要长得漂亮，工作更要干得漂亮。

∧ 2013 年获评凤凰卫视"最佳专题节目统筹"

◿ "80后""90后"的职场：从领导变成引导者

十多年前，我刚进职场的时候，领导都是"60后""70后"，觉得我们"80后"身上都带着股叛逆、娇生惯养的劲儿，对我们有种"黄鼠狼下崽——一窝不如一窝"的感觉。这其实就很像有些人看待"90后"的感觉——颓和丧。为什么他们不服从、不满足、不将就，还不主动呢？但是又不得不承认他们在不知不觉间改变着世界。

再比如情怀。不难发现，"70后""80后"大多会迎合老板，但要和"90后"谈情怀，先甭说您那点儿情怀有多少价值，就您这点儿情怀首先就不是"90后"的情怀。对于"90后"来说，就是一句话，"爱谁谁"。

我也是后来带"90后"员工才明白，对他们来说，一切都太容易通过网络解决，所以就少了很多思考的过程，因此他们需要一位领导者去帮助他们恢复思考能力。

当"90后"的老板，你绝对不是权威者而应该是一个引导者，想说狠话的时候咬咬嘴，您的姜还是辣的，但不一定就能辣到他。

作为"90后"，也请您配合一下我们聊一聊、问一问的模式，虽说这个世界是属于你们的，但世界也终究是平等的，不是吗？

△ "韬光养晦" 般崛起的智慧

"我想辞职，这工作我干不下去了！"这是我在来自职场的私信中看到最多的抱怨。

细细追问，原因十有八九是自己受了委屈，背了黑锅，被冤枉、被算计了。

记得马未都老师说过："委屈就分两种，真委屈和假委屈。"顾名思义，前者是真受了委屈，可哪个职场人不是"起初心里怜惜着林黛玉，最后把自己活成了薛宝钗"？

但面对这假委屈，你就一定要小心了。

假委屈就是别人并没有觉得这件事有多严重，您自己却狂加内心戏，觉得好像全世界都对不起自己。

把委屈揉碎了吞下，新生的终将是你的格局。

△ 没有正确的金钱观，人永远不会成熟

君子爱财，取之有道。在现有经济社会运行条件下，钱还具有不可替代的社会功能。

在和人交往的过程中，凡是牵扯利益问题，请你不要因为"先小人后君子"而觉得不好意思。

因为谈钱时最能看清一个人，一个人的金钱观在很大程度上就是人品的体现，反映了其处世的态度和底线。

我们需要做的，是把利益得失的原则规矩讲清楚，然后再讲情谊。说白了就是，只有把丑话说在前头，才可以更好地规避矛盾。

没有正确的金钱观，人永远不会成熟。

而一般口口声声说钱不重要的人有三种：一种是真有钱的；一种是没尝过缺钱的苦的；一种是为了掩饰自己赚不到钱的无能的。但一个人若只会谈钱，那肯定就过于油腻了。

钱肯定不是万能的，但钱重不重要，缺一次就知道。莎士比亚也说过：钱是一根伟大的魔棍，随随便便就能改变一个人的模样。

别觉得谈钱俗气，钱虽是众多矛盾冲突的来源，但也是解决大多数问题的钥匙。

职场点滴 Tips

△ 职场回复三要素

及时回复消息是最起码的尊重和执行力的体现，而老板更关心的是员工对目标的理解和计划。

一个人的工资高低，有时根本不取决于他是否努力听话，而取决于他有没有尊重常识和职场逻辑。

保持"接受、表态、行动"三要素是其中有效的方式之一。刚入职场时，每一次接到领导的消息，我总会回复"好的""收到""我知道了"。后来有一次，阮次山先生建议我"我知道你已经理解了我的意思，但我希望你告诉我的是你接下来要怎样做"。比如在一条信息中你要告知对方，你已经明白了这个意思，用你的话再表述一下他的话，然后在结尾处再附上你执行这件事的计划和策略。

△ 用对员工，事半功倍

有缺点的员工，用对了位置，也可以事半功倍。

职场里有两种人，一种人的脑子比嘴快，另一种人的嘴比脑子快，每一种员工都有它的特点。我是典型的后者。

MBTI 的 16 型人格中，有 ISFJ 守护者、INFJ 倡导者、ENFP 公关家、ENFJ 教导者等，每一种人格都有其优点和缺点。

作为领导者或者创业者，需要非常敏锐的洞察力，去观察身边一起奋斗的团队小伙伴和同事，知道他们身上所有的优点和缺点。

我记得团队里曾经有一名工作者，看似合群，却非常喜欢有自己的空间。他给人的感觉很细致却也极度敏感，他具有非常强大的理想主义，但是又能犀利地找到问题的根源。

如果让这样一位优秀的员工每天陪客户、打理人际关系，对他而言无疑就是一种折磨。相反，他需要的是非常独特的独立空间。

对于我这位同事而言，独处是氧气，是一种和寂寞（lonely）不一样的独处（alone），从中可以获取让他整装待发的力量。

人格或性格没有好坏之分，每个人的能力都是无限大的，而一个人的行为绝对不仅仅受制于他的人格，还受制于他的人品、三观、成长背景以及在他成年后形成的价值观、世界观。

比如我这位同事不是为了现实而活的，更多时候，他愿意为了经历而活，他喜欢反思自己的想法，从记忆和感受之中获得动力，却在与外界的接触中耗尽自己的能量。

我们要让这样一个员工在团队里担任导师，引导新人在团队发挥作用，如此，他就会更得心应手；而不是让他与客户联络感情。

当然，我们不可能知道每位员工的性格特点，因为这既是隐私，也是需要通过日积月累的相处得知的。

管理者和领导者需要具备这样的洞察力。生活里、职场中和你意见相悖的人比比皆是，如果有一天你理解了曾经不能理解的人或事，就会发现自己的人生纬度也随之扩展了几分。

△跳槽应有"随"的智慧

"职场不成功"靠跳槽有用吗？

跳槽的人可能不会后悔，但也未必能感受到所谓的解脱。人生里有三件事绝不能硬撑：婚姻、喝酒、花钱；在职场里有三种东西也不能永恒：时间、信任和要离开的人。有一部分职场失意的人，是因为没能消除对世界的恐惧，没有找到适应世界的办法，没有培养出操控自己的力量，所以选择了逃避。

正如《道德经》中所说，"飘风不终朝，骤雨不终日"，仔细想想，那些让你我恐惧的事物，无非就是好坏、顺逆、喜悲。而我们之所以逃避，也正是因为缺乏一种叫作"随"的智慧。遇到难，不必烦，世事随时有逆转；遇到憾，不纠缠，有缘无分莫强求。"宠辱不惊，闲看庭前花开花落；去留无意，漫随天外云卷云舒"。

⊿ 离职六大注意事项

离职原因无非以下三种：因为离开而离开，因为钱而离开，因为不开心而离开。我离开第一份工作时，三者兼有，真假委屈参半。但回过头看看，曾经那些我认为的假委屈真的撑大了我的格局。

离职时你需要注意什么？

第一，离职要直接与领导沟通，给公司留出新人接手自己工作的时间。这不是头脑一热的事情，也没有谁对谁错。

第二，好聚好散。招你进来，是领导对你的欣赏，你走时，自然也要记得感恩。毕竟你要感谢你的收获和成长，记得微信留言向领导与同事表达感激。

第三，离职不要牵扯太多个人隐私、家庭情况，避免你的隐私成为大家茶余饭后的一味"就餐佐料"；也不要吐槽太多给你穿小鞋的上司，毕竟你新入职的公司需要老东家推荐人的信息。

第四，尽量让你的领导宣布你的离职，因为你不知道，如果没有领导的公平说明，在众人的嘴里会有多少个关于你离职原因的版本，同时，没有一个正式的说明，也会影响在职人员的情绪。

第五，妥善选择离职时间。为了能使五险一金不断缴，要弄清离职公司和入职公司缴纳五险一金的时间。切记，离开前要拿到离职证明。

第六，古今中外的职场都差不多，不要觉得离开了虐你千百遍的老东家，新东家就会待你如初恋，过往的经验与辉煌成就了你，也可能让你在新环境中故步自封。

我还建议大家离开老东家时，要把最后印象拿捏得恰到好处，考虑好如何退场。其实回头想想 10 年前我第一次辞职时做得不算很漂亮，因为总觉得被人穿了小鞋，没有施展自己才华的机会，于是在辞职时，对自己的直接上级很不满。

回顾那次辞职，最让我觉得需要检讨的地方，就是不应该把过多的委屈告诉在职的同事，给在职的同事增加烦恼。因为他们还要留在原有的岗位上，而我的离开在一定程度上会动摇他们的军心，造成不好的影响。

无畏真实，真诚向上：我的达人心路

2017 年，父亲接受了一次心脏支架手术。

那一年，因为工作关系，我不能回国。也正是从那一次开始，我突然意识到我可能要改变方向，转向一个较为灵活的方向，以便随时在澳大利亚和中国切换。我不想某一天因为错失与父母相伴的机会而惋惜甚至遗憾。

2018 年，我辞去工作，加入先生的创业公司。也是在这一年，我建立了 "Caroline 涵涵姐" 的自媒体账号，最初的定位是分享生活和读书所得。

因为父母和我们一起旅游的次数屈指可数。2018 年，我决定和母亲一起去旅行，并将第一站定在了海南三亚。

6 月，三亚已经很热了。我妈说："咱们也学年轻人一样录一条视频好不好？"我说："就我这把岁数了，既不是网红，也不是美女，没有高挑的身材，也没有大眼、瘦脸，这放上去谁看啊？"我妈说："那咱就当自娱自乐吧。"

于是我们合拍了第一条视频，我妈负责拍摄，而我就是那个口述者。正是那一条视频让我第一次出现在了大家眼前。

∧我和母亲一起旅游

如今想来，得亏听了我妈一句劝，我才开始了达人之路。正是这一次尝试，让我更乐于分享，与更多人建立连接，获得更多肯定。

以"真诚"打开各种可能之门

网络世界的有趣之处在于其为我们打开了各种可能之门，我们会听到不同的声音，有人在吹捧，也有人在痛骂，还有些人一边骂

∧ 2020 年 5 月，《心》首发后，与译者曹寓刚老师一起做直播

你，一边关注和模仿你。

每个人生活中发生的变故，在别人眼里无非就是个过眼云烟般的故事。因为分享这些故事和经历而收获了众多粉丝朋友的关注和喜爱，此时，自己要是膨胀或者妄为，甚至觉得不可一世，那只会显得自不量力。

▱ 真诚本身就是一条道路

很多人问我，从 10 个粉丝走到现在拥有了 600 多万抖音粉丝，你在心态方面有什么变化？或者说你是怎么做到的？我不是一个做

∧ 粉丝们的祝福是我无尽的动力

营销出身的人，也没有做新媒体的天赋，秘诀谈不上，心得就是两个字：真诚。因为真诚本身就是一条通达人心的道路。

　　现在我遇到一些粉丝时，他们总会说："涵涵姐，跟抖音里的你相比，现实中的你更加接地气。"这是因为我不希望创造任何一种人设，我希望让各位知道：作为一个女性，你可以真实地活着，你可以不受皱纹、赘肉、身材及外界言论的影响，如果你每时每刻都要小心翼翼、谨慎地估计对方怎么看，害怕被别人讨厌、嫌弃，那么你终究会活得像一个无心的洋葱。

平台给予我们的永远是机会，但如果你把平台当作本事，把运气当作才华，多半会活成一个笑话。我想，这也是我一路走来内心的投射。不可否认，我觉得自己是幸运的，我也很感恩现在拥有的这一份来之不易的影响力。

作为一个有影响力的达人也好，会被粉丝关注的 KOL 也罢，我们具有社会责任和义务。如果我们说的一句话、推荐的一本书或一个视频，可以影响一个人，让他学会思考，让他思考后有所行动，让他行动后还有后续影响，那我想这就尽到了一个达人应尽的社会责任和义务。

就如唐江澎校长所说："好的教育，应该是培养终生运动者、责任担当者、问题解决者和优雅生活者。"

⊿ 拥抱不确定，建立内心秩序

"不确定"三个字是这些年我们直面的挑战。

林清玄先生说："在不确定中生活的人更经得起考验。"唯有经得起情绪带来的惊涛骇浪，才享受得了情绪带来的平淡真实。

我们之所以排斥不确定性，是我们的焦虑感在作祟，因为我们谁也不知道明天和意外哪一个会先来。

心理学家认为，遇到不确定性时，你要先把能力范围内能控制的事情做好，再接纳那些我们不能控制的事情。而你对待不确定性的态度和方式，不仅反映了你的个性，也决定了你未来发展的轨迹。

你也许会觉得这慢下来的、重复的生活节奏，就好比盲盒，而每天重复的日常，就好比你已经知晓拆开后能得到的东西。虽然你不确定这样的日子什么时候是尽头，但你仍然可以建立自己内心的秩序，你仍然可以自律地管理好每天的时间，用知识丰盈你的内心。

当看不见的硝烟散尽时，也有属于你自己的千载难逢的机遇。如果你准备好了，属于你的机会绝不会与你失之交臂。

⊿ 无限可能才是自我成就

在《无限可能》一书中，作者吉姆·奎克说："如果鸡蛋被外力打碎，那是生命的结束；如果鸡蛋被内力打破，那是生命的开始。"因为奇迹的开端永远在事物内部，而我们被周围的声音告知我们自己的能力有限，不能有所成就，不能大胆尝试，不能追求完美。

为什么你每天读书两小时，就只记住了前 20 分钟读的内容？为什么每天背 20 个单词，一周下来并没有记住 140 个单词呢？绝大多数人一定会觉得自己潜能不够，或者目标遥不可及。其实是因为没人告诉你记忆的方法，只告诉你要死记硬背，这就是一种限制性的信念。

有人说记忆就像一个容器，像个杯子，或者像个计算机硬盘，一旦装满数据，就再也放不下别的东西了。其实记忆和我们的身体肌肉一样，训练多了，就会变得强健，存储的信息也就变得多了。因为你的智力不仅具有可塑性，培养成长型思维模式的能力也强化了人们智力的可塑性。其实我们日常生活中对自己的态度、说话的方式都会流露我们固有思维的限制。

举个例子，你很可能因为几次考试的成绩、老师的评价、父母的暗示而认为自己就是偏科严重，或者不擅长背单词和阅读。因为你认为这种情况已经恒定不变，所以你的技能也就无法提高了。心理学的"自我妨碍"，其实是我们潜意识里的一种自我保护机制。这个世界上最滑稽的事情，就是因为害怕别人的看法而限制自己表达内心的真实想法。

我们故意夸大困境或自我否定，也是为了在可能出现的失败境遇前挽回自尊。因为在你看来，"无限可能"本身有太多的可能性，这其中包括受到别人的批评或者面对失败，对你而言这就失去了"掌控感"。而在你大脑的无限可能模式中，这就是一种自我妨碍。限制性信念会让你停下脚步，即使在做你非常擅长的事情时也是如此。放眼自己的整个人生，看看自己的职业理想，或者你的交友能力，如果是限制性信念在支配你的人生，你会发现自己总是在失败的泥潭中苦苦挣扎，要么苦苦思索自己为什么没出人头地，要么已经听之任之，相信自己无法获得成功。其实失败只是一种体验，而无限可能才是一种自我成就。

△ 以高傲面对困难

我们需要以一种高傲的、令人敬畏的气质来面对困难。

我们在现实中克服不了困难，是因为我们执拗地任由它如初恋般滞留在生活里太久，而没有用一种高傲的气质与困难打个照面，冷静地面对，然后再帅气地和它说再见。

大多数时候，并不是因为事情困难我们才不敢去做，而是因为我们不敢去做，事情才会变得越来越困难。

换句话说，我们具备面对困难时的高傲态度，只是混淆了执拗与执着，所以才不能放下自己认定的事实。

有时，我们只需要在绝境中高傲地转身，放下执拗重新面对，就会发现之前以为克服不了的那些困难已经不存在了。

择善而行：心智认知才能带来持久的增长

有一天，某知名品牌商与我的助理取得联系后，发了一位知识类达人为竞品带货的视频，要求我模仿人家的内容。我拒绝了。有人说，抖音就是个娱乐平台，那么较真干吗？

但在我看来，每个平台都有我们会影响到的人。

我们很多时候就吃亏在"差不多"这三个字上。

更重要的是，我们要充分认识到知识产权的重要性。

我们国家正在成为世界经济强国，未来的经济发展将迎来更多机遇，也会面临很多经济层面的新挑战。

创新能力的提升，一定离不开对知识产权的保护；如果知识产权不能得到很好的保护，创新就会失去动力。

品牌，比的不是雷同和流量，而是产品的质量和经营者的态度。经营者不应时时处处计较流量，更应该在意品质。如果你一味追求流量，而忽略了品质，最后砸的还是自己的招牌。

流量的本质是注意力，品牌的本质是心智认知，注意力只能带来短期刺激，而心智认知才能带来持久的增长。

我坚持自己的底线，认真做原创，因为终有一天，凭无畏真实才会一骑绝尘。

∧ 视频拍摄中的我

⊿ 以善良作为品牌优势

我是个创业者，我深知公司是一个讲究效益和价值的地方，但我也始终相信以善良作为品牌优势更是一种责任。一个品牌和企业文化首先提高的是员工的心性，然后才是拓展经营。文化到底是什么？不是学历，也不是经历，而是根植于内心的修养、无须提醒的自觉、以约束为前提的自由和为他人着想的善良。

⊿ 达人最应该有的影响力和社会责任

作为达人，网络赋予我们影响力的同时，也让我们肩上多了一份社会责任和义务。我们不可能让所有装睡的人苏醒，但至少对我而言，我希望我可以用客观的评论而不是主观的思维让苏醒的人关注，我更希望让关注的人学会思考，让思考的人有所行动，让行动的人对自己及家人的未来产生些许影响。我想这是我作为达人最应该肩负的社会责任和义务。

⊿ 去内卷化

有一段时间，我发现自己被迫陷入了"内卷"。在解释我为什么会有这样的情绪之前，咱们先说说"内卷"这个词。说白了，内卷就是我们一直处在重复的环境下，既无突破也无发展。因为资源是有限的，蛋糕就这么大，大家要想赚更多的钱、过更好的生活，就得不断压缩吃饭、休息、娱乐的时间，参与恶性竞争，最后的结果就是幸福感降低。

之后一段时间，我把所有的工作都停了下来，副业也暂时搁置了，包括在各大自媒体平台上的分享。我没有再把这些视为浪费时间而攻击自我甚至变得焦虑，也没有因为他人展示的生活冲击自己的价值观或对自己选定的道路产生怀疑。

心理学家阿德勒说过："人的总目标是追求'优越性'，是要摆脱自卑感以求得到优越感。"而秀"优越感"和自卑其实是同一回事。这就好比信息流应该是为你生命中的事件流服务的，而不是让事件流反过来被信息流击溃。

这种现象也被心理学家称作"自我工具化"。哪怕只是看电影或刷抖音，自己都会产生内疚感，觉得自己正在荒废人生。其实生命需要避免的是低效的努力，以及严重的自我攻击。大家应该做的是一起努力抵抗内卷化，更好地捋顺自己，找回自己的那份初心、热爱和坚持，找到属于自己的绝对优势，从而不被取代。

一定的思维层次解决不了同一个思维层次的问题，更不能用造成问题的思维方式去解决问题。

我们可以通过阅读、求教良师益友、借助思考拓宽视野和格局，找到新的成长路径。

生命给我们柠檬，我们把它榨成甜柠檬汁

你有没有发现一种状况，我们这个时代的女性被外界和自身的高标准绑架了？

举个例子，如果你是女生，学历低了可能会被认为没有男生后劲足，但学历高了可能又会被一些人说不好嫁；如果你是女人，外貌不够精致可能会被嫌弃，太漂亮又可能会被怀疑不踏实；作为母亲，如果做全职妈妈可能会被认为太安逸，出去工作又可能会被指责对孩子不负责任；到了中年更会面临一道选择题，胖了身材圆润缺乏少女感，瘦了脸庞皱纹多又显老。

面对随时摇摆的流言蜚语，我们真的探究过自己的内心世界是怎样的吗？我们的情绪、冲突、自我怀疑与牵绊真的被梳理过吗？我们又有哪些素质与能力是自己不知道的呢？

这就像"肉"跟"皱"的困境一样，要自然的老还是虚假的美，这同样是一个选择题。正如歌德所说，一个人知晓如何度过这一生是从相信自己的那一刻开始的。

如何从多重女性身份入手，打破内心的限制，让自尊心和自信心良性循环，不再物化自己，也不再重视他人的评判？命运给我们一颗柠檬，我们设法把它制造成甜的柠檬汁，但前提是我们有整合内在的能力，成为那个自信、自在、独立、安稳、完整的自己。

希望我们受委屈的时候能坦然一笑，吃亏的时候能开心一笑，无奈的时候能达观一笑，危难的时候能泰然一笑，被轻视的时候更能平静一笑。

一切无心插柳，都能水到渠成。

⊿ 认准角色，认知觉醒

"知识改变命运，认知决定我们的未来，因为认知的半径大小决定了我们能力的大小。"举个例子，有很多粉丝在直播间听我讲解书，忍不住下单，想尽快拥有它，甚至在下单时就兴奋得好像自己已经拥有了这些知识一样。可是在收到书以后，他们可能再也想不起去读这些书了，甚至对我当时讲的内容的记忆也变得模糊了。

我们总是羡慕这个世界上优秀的人，觉得他们几乎都是飞着前进的，但并没有意识到我们自己身上也有一对可以飞的翅膀，这就是我们人类的终极能力——元认知。人们在顺境时会顺着"知而不行"、避难趋易的本性生活,所以有些人才会在收到书后,继续玩手机、睡懒觉。而被动使用元认知的人也只有在迫不得已的情况下才会扇动一下自己的翅膀。

弗兰克尔在《生命的探问》中说道:人生是否圆满,并不取决于一个人的行动半径,我们不用自责,因为这就是我们的天性。

认知是可以改变命运的。30 岁前,我总希望自己可以成为一个女强人,可以行走江湖,也可以发号施令。30 岁以后的某一天,在职场里和一位前辈聊天时,他说:"你知道一个家庭最大的灾难是什么吗?是家里有一个女强人。"当时我不太懂他说这句话的原因,后来慢慢明白,其实这源于一种认知偏差。因为想独立,想拥有话语权,所以在职场上希望能有自己的一片天地。在职场上获得一点成功后,就会把这一点成功带到家庭或者爱情里,既影响亲密关系,也影响亲子关系,但又不自知。

我想,前辈那句话的意思大概是在说角色转换。

我之所以认为认知是造成这一问题的原因之一,恰恰是因为自己曾经的认知偏差:成功 = 女强人。想要成功就只能当女强人,就必须在某一领域有话语权,而忽略了女强人的角色不是一种特定的标签。成功是由不同的因素组成的,例如专业能力、家庭职场的角色转换、坚定的内心和乘风破浪的信念。而到了 38 岁这一年，我更希望自己在亲密关系里做个小女人，有人爱、有事做，在职场里可以游刃有余，遇到小人不怕，遇到大事不急。

△ 克制是一种清晰的自我认知

清晰的认知能让我们意识到自己在想什么，进而意识到这些想法是否明智，再进一步纠正那些不明智的想法以做出更好的选择。如果说舒适圈代表着我们的天性，是我们喜欢的，那么走出舒适圈、走到困难圈则是让人将喜欢的变为想要的，困难圈是你被触动的、想要改变的部分。你不需要刚离开舒适圈就迈向困难圈，你可以让自己在缓冲地带先放下焦虑，找到方向。人们发现元认知能力强的人，无论是对当下的注意力、当天的日程安排，还是长期的人生目标，都力求想清楚意义，进行自我审视和主动控制，而不是随波逐流。高尔基曾经说：每一次克制自己，就意味着比以前更强大。

生活里难免会遇到一些突破原则的事情。很多时候你遇到一些人和事儿，如果用自己的旧有模式去面对，只会让自己崩溃。最终你会发现，不是人生选择了你，而是你选择了人生。

等待

+

接受

+

改变

+

放开

=

成长

Caroline > > > >

"涵酸" 言论

"酸民" 言论在互联网上处处可见，只要有人的地方就会有人 "酸"。做自媒体之前，我对这股酸劲儿感受不是很深刻，充其量就是好心的同事告诉我有人趁我上厕所离开工位的时候，拿起我的包，用鼻子闻闻，然后还在茶水间甩出几句："这左一个包右一个包的，她家得有多大地儿呀？"

经专业人士普及我才知道，闻的行为是辨别 A 货或高仿的方法之一。

这些举动背后，大概是想弥补一下自己心里的落差，如果闻出点什么异样的气息，就得在全公司奔走相告，然后给我扣个 "用赝品" 的帽子。如果寻找这方面马脚没能得逞，也能 "归因" 为我有今天，是因为出生在一个好的家庭。再不行就杜撰一下，设计个连我自己都不知道的 "绯闻男友"……

这种醋瓶子打翻的酸爽感，有时还能不断变本加厉。我有家族性高脂血症，从 20 多岁时起就开始与他汀类药物常伴，在办公室里同事经常能看见我把药往嘴里塞。一次上级领导给我交代完工作，电话还没挂断，有人就和旁边的同事嘲讽起来："你别看她年纪轻轻，每天花枝招展，吃的都是老年病的药，以后肯定活不了多大岁数。"对于这类人，我还挺希望她长命百岁，而我也一定努力地活着，现身说法，让她们看看什么叫"破罐烂熬着"。

做了自媒体后，我还有点怀念曾经办公室里这种遮遮掩掩的"酸"了。互联网上的酸，只有你想不到的，没有他说不出来的。

我说自己小时候很胖，一顿饭能吃很多个汉堡，本意是用汉堡当食量的计量单位，但一定有人说："她家真有钱，从小就吃得起那么多汉堡。"如果我分享海外风景，就会有人说："假洋鬼子，卖国贼，月亮都是他乡圆，有本事别回国呀。"如果我把自己打扮得精致点，就会有人说："她就是个绣花枕头，中看不中用，身上戴那么多首饰，就会炫富，估计那学历也是买来的。"如果我的视频文案、内容做得很好，流量也很大，还会有人来酸："眉毛是真的吗？妆化得显老，不真实、做作，卸了妆肯定没法看。"我说自己 38 岁、已婚未孕，都能招来"没有孩子一辈子都不会幸福"。

为什么我就这么招人"酸"呢？这"涵酸"言论是从何而来的呢？仔细思考后，我觉得原因有以下几点。

第一，我的自信和勇气离不开我妈在我将近 40 年的人生里孜孜不倦的教导和鼓励。别看初中时我都胖成了一堵墙，都有人买我同款手表——那是我当时唯一的"饰品"。

　　我当然不开心了，但我妈和我说："你有什么不开心的？你为什么求了妈妈很多次买这块手表？是不是从广告杂志上看见的？凭什么你有别人就不能有呢？"

　　长大后，因为有人模仿我穿衣服，我又不舒服了，我妈说："别霸道啊，你都是和杂志上的模特学的，人家再学学你怎么了？""你能停止臭美吗？不能吧。那就大大方方地美，让她学去吧，你顶多甭管她要学费了。"

　　所以，在因为嫉妒被"酸"的道路上，我必须检讨自己的锋芒毕露和自我意识强烈，但也必须说我妈两句，从小没有"制止"我臭美的毛病。没有多为持其他不同观点的小众考虑，或许是我考虑不周吧。但所谓"江山易改，本性难移"，在我的后半生里，如果还是有很多人"酸"，我也会全当隔三岔五喝点醋，降降我这高血脂了。

　　第二，"爱臭美，爱漂亮，爱嘚瑟"，这也算错？为什么大多数酸的言论来自女性呢？因为女人了解女人，女人更知道怎样戳中同性的痛处。虽然所有女人都经历过性别歧视和不公平对待，本该对同性有更多的同情和感同身受，但很多人在用疏离和嫉妒的手段排挤着同性。

美国心理学家珍妮特·希伯雷·海登说，女性对人内心世界的感知和体察能力优于男性，女性情感细腻深沉，更容易移情，更感性，更富有同情心，因此比男性有更多的社会情感。女性的优势是察言观色，但总是察言观色就容易分不清边界，所以女性更不容易通过他人的认可来证明自己的价值，尤其是在同性群体中的价值。

女人有时认为自己最大的对手是女人，却忽略了自己最大的帮手也是女人。法国存在主义作家、女性主义学者西蒙娜·德·波伏瓦认为，男性间的友谊建立在个人的观点和兴趣上，女性间的交往则建立在其共同命运之上。

女性之间不是水与火的较量，而是水与冰的相通。很多女性因整容而饱受争议，因炫富而被质疑，但当她们遭遇了普通女性也会遭遇的困难，如容貌焦虑、身材焦虑，再如恋人出轨，网络上的朋友们就会摘下质疑和挑剔的有色眼镜，给她们同性间的理解、支持和拥抱。"涵酸"言论也是同样的道理。

第三，有一小撮人"见不得你太好，又看不起你不够好"，再加上日常生活里没有多少话语权，于是很容易产生自卑或不平衡的心态。网络似乎给了他们发泄的机会，反正隔着屏幕谁也不认识谁，于是甩开腮帮子怼天怼地怼空气，怨鬼怨神怨苍生。有些人就是见不得别人太好，"你可以很好，但不能让我觉得你比我过得好"。

看不了别人好，究其原因，就是嫉妒心理在作祟。

孔子说"不患寡而患不均"，这种"酸"一般会出现在无能的人身上，你见过哪个有本事的人，每天守着屏幕酸酸这个、酸酸那个？他们首先没这闲工夫，有时间都去干更有意义的事情去了；其次，实力不允许自己觉得无能，一觉得力不从心，立马找本书、找个新的领域充电去了。

网络中的语言攻击就像一把看不见的刀，更像深不见底的PUA①，KOL、明星或普通人的自信都可能在这些言语的攻击下被摧毁，转而开始自我怀疑，做事畏首畏尾，陷入抑郁、焦虑情绪，有时人生也会发生翻天覆地的变化。

还好我从小就被我妈灌输过"丑娃"的概念，确切地说是"从头到脚的洗礼"。比如，小时候，我妈会在陌生人面前这样描述我："我家涵涵吧，特别宽，那后背长得和块扇面板子似的，这要做成案板，和面的时候特省事。"这形容、这画面，是不是让人一目了然？

我妈形容我的脚时就更有喜感了："我们家涵涵特别难买鞋，那脚就像煮熟了的红薯'啪'不小心摔在马路上一样。"

---

①全称"Pick-up Artist"，原指"搭讪艺术家"，指接受系统化学习、实践并不断更新提升、自我完善情商的行为，后来泛指邪恶的情感操纵手段和行为。

你看这拟声词用的，这形容还是自带声效的那种。这样的"打击"都没制止我这傻吃傻喝的心，你说就算网络上有人给我添堵，那言论和我妈这"损语"不是一个级别的吧。

见不得别人好，是最大的愚蠢。但是，凡事都有两面性，有些"逆耳忠言"，我们也要"去其糟粕，取其精华"，不会总是"'涵'酸苦楚"，反而是"'涵涵'得意"。

对于建设性意见，我照单全收，这不就和找了顾问是一个道理吗？如果听到善意的提醒，比如"姐姐的眉毛太难看了""姐姐今天这条视频内容没意思""姐姐这个字的读音不准确"，那么有则改之，无则加勉，下次就做好改进。

您说我是不是因为粉丝朋友们的关心而变得更加"得势"了？集体的力量一定大过个人。但要是有人非胡搅蛮缠，不讲道理地酸来酸去，咱肯定也不惯着——爱看看，不爱看，直接出门右拐，慢走不送。走到哪儿，我都不会再一味给笑脸了，有些毛病都是惯出来的。

涵　　养
悠然自适

没有一个人是一座孤岛。

入世做人，出世做事

共情与尊重

越亲密的关系，越要克制一种欲望，要承认自己不够懂。

被看见与被听见，才是对关系最大的尊重。有的人，一遇到伴侣或好友吐槽，刚听了 5 分钟，很快就说："哎呀，我懂了，你呀，就是太在意别人了，那背后议论你的什么人都有，咱走自己的路，让他们叫唤去吧！"

其实当你急于告诉对方"我很懂"时，传递出来的反而是一种忽视。每个正在经历困惑和痛苦的人，都迫切需要被看见和被听见，而不是被分析和被解读。

《伊索寓言》中有一则故事：太阳和寒风比赛，看谁能够把行人的衣服脱掉，寒风用尽全力去吹也没能奏效，而太阳只用温暖的光芒，便使行人自己脱下了大衣，这便是心理安抚的作用。

正所谓，察己可以知人，察古可以知今。想要真正共情并了解别人，其实不必外求，回到自己的内心就好。想要了解今天和未来，也不必瞎猜，看看历史就好。

△虚假共识效应与共情练习

有一次聚餐，我身边坐着同事 A 和同事 B，她俩关系一向很好。聚餐当天，我们刚拿到当月的工资，同事 A 就对 B 说："你发现没有，现在挣多少钱好像都不够花？你说现在养孩子哪儿都得花钱……"

我们都知道，这就是一个开放式的聚餐聊天话题，能够活跃气氛、引起共鸣，也容易打发时间，不容易得罪谁，更不会被以讹传讹。而且在同事之间，就算业绩奖金不同，暗自心生妒忌，但只要是和孩子沾边的话题，大家心里都有诉不完的苦、吐不完的槽，就会弱化职场的攀比。

正当大家你一言我一语说得起劲时，同事 B 突然冲着同事 A 说："你就是太要强了，在工作上如此，对待孩子也是一样，你要不对他要求这么多，你也就不会觉得心累了。"

这话听起来没什么毛病，如果两个人关系近，私下里这样互相提出点建设性意见也无伤大雅，可问题是当时是公司聚餐，明明是个开放性的话题，却出现了评价式的聊天方式。

在这样的场合里，有同事 A 的"敌人"正等着看同事 A 笑话，同事 B 的这一句话正中了某些人的下怀。

你生活里会经常遇到"评价式聊天"的人吗？为什么有些人总是喜欢把自己的观点强加给别人？为什么感同身受就那么难呢？

我开始以为是跨文化造成的理念和思维上的不同，回国工作以后，我发现其实是认知层面的不同。心理学上有个词叫作"虚假共识效应"，当我们处在不同的思维水平、有不同的生存环境及目标需求时，那么就算一个妈肚子里生出来的孩子，也会有自己不同的世界观。

我们只是偶尔相聚一下而已，同理心也并不是常有的，只在和自己有关时才会启动一下。如果说思考需要角度，思维需要维度，那么人际交往也同样需要维度。

无论喋喋不休或终结者式的聊天，还是批判式、评价式的沟通，都缺乏从别人那里辨识自己、从自己这里理解别人的共情感。

这源于一种因混淆事实维度、关系维度、自我暴露维度、诉求维度而产生的误会。

具体来说，"事实维度"表示的是应该传达的信息，比如，你想喝咖啡吗？你想喝水吗？"关系维度"就是怎么看待自己和对方之间的关系；"自我暴露维度"就是自己是什么样的；而"诉求维度"是自己希望对方做什么。

举个例子，一个人说话时，其实想要传递的意思是在事实维度上（比如女方问"咱们这周去看我妈行吗"），但接收者听到的可能是诉求维度上的意思（比如理解为"这是不是希望我跑丈母娘那儿勤一点儿呀""是不是丈母娘给我提意见了"），那就会出现误会和误解。

彼得·伊利亚德说过一句话："我们都将面对与参与未来。如果今天你不生活在未来，那么，明天你将生活在过去。"而这一切都离不开沟通、感知、思考和共情。

△ 刚认识的时候最迷人

人和人刚认识的时候最迷人。谁说的？冰心老师说的。

为什么？因为咱不可能永远把自己定格在"刚认识"的状态。所以每次遇到刚认识的人，我们就有可能像有人说的一样，虚伪又热情、谦和又浪漫。这时候就是你亲妈站你身边都得恍惚一下："呦喂，这是从我肚子里爬出来的吗？"这感觉也像第一次面试，你会把全身十八般武艺都呈现给面试官。

过一段时间，对方一准觉得这个人和他想的不一样，这其实不是因为我们的人设崩了，而是对方心里的预设崩了。比如说我做自

媒体，网络世界的人物貌似都有人设，甚至说两句话也得有个剧本。

　　我做自媒体，自始至终都没有觉得非要像凹造型一样，去刻意塑造另一个连自己都不认识的自己。我只希望无畏地把真实的信息或者我看到的、我经历过的分享给大家。至于生活里的琐事，还有穿衣搭配，它本来就有一种既定的风格，并不会因为去店里买了自己不能承受的东西披挂在身上，就能呈现另外一种人设。

　　在直播间分享一些好书的时候，有时会听到一些网民攻击。"哎呀，原来你也'沦落'到卖书、卖东西了，真是看走眼了。"以前我还会跟这样的人杠上两句、辩解两句，再后来我就不愿意说了，因为别人认知世界里的你是无法被改变的。在我这里，真实的自己一直如此，他所谓的"真是看走眼了"，无非就是他心里预想的那个人设崩塌了而已。

　　这世界上本来也没有人必须是完美的，真理也肯定不止一条，而别人所认为的我也很可能不是真正的我，但是那些了解了我所有缺点仍然选择不离不弃，看我哭过、笑过、真实过，仍然选择留下来陪我一程的人，我会把您这份雪中送炭的真心珍藏好。

　　因为锦上添花常见，雪中送炭难求。

△ 避免贴标签

我们为什么习惯性地给自己和别人贴标签？

我觉得有两点原因：第一，节省时间；第二，我们希望对其他人的行为有掌控感和预计感，甚至只是给自己找个借口。

比如我给很多人的第一印象是，描眉画眼傅粉施朱，穿金戴银必是谁家掌上明珠。

这是不是有点标签化的意思？

比如你觉得对方是富二代，你就会本能地忽略他付出的所有努力，因为很多人的思维就是"他家里有钱，给了他资源，我要是也有个这样的爹，我也能这样"，潜台词就是"我没有像他一样优秀是理所应当的，因为家里没矿呀"。

但你不知道他也很努力。

给别人贴标签，为的是节省自己的认知时间，说白了就是懒，就是想要提升自己的优越感，暗示"我是对的，他是错的"。

其实，当我们带有攻击性地给人贴标签时，更能表现出我们的不自信。

别把你的秘密告诉风

在日常生活里经常会出现这样的对话，"我告诉你一件事，你千万别和别人说"，那听事儿的肯定说，"行行行，你说"，然后，你这点事绕了山路十八弯早晚还得绕回你耳朵里。再然后的剧情就是抱怨朋友不遵守诺言，并唾弃他们背叛了自己。

但是，最应该检讨的，不正是我们自己吗？好比某位相声艺术家说的："这个事儿能烂在肚子里都不要和任何人讲，你只要和任何一个人讲，全世界就会知道。"

有的委屈要自己承受，自己的秘密更无须找个"共情的外人"说。因为你永远不知道听你倾诉的人怀着怎样的心情和心态。你更不知道，你的秘密到了别人的耳朵里会有多少个版本。

我们自己的秘密很多时候就是自己的弱点和隐痛。

有一句话说："别把你的秘密告诉风，因为风会吹过整片森林。"

◁ 不要把你的苦，讲给那些承受不了的人听

为什么说不要把你的苦，讲给那些承受不了的人听呢？举个例子，你把对伴侣的不满说给长辈听，除非他们是非常有智慧且内心

稳定有力量的人，否则你就会听到"我早和你说什么来着？现在后悔了吧？我就说他不是个省油的灯，我要是你，我就……"问题没解决，还听到一堆埋怨。不可否认，他们是爱你的，只是这份爱转化为行动时会受限于他们自身的能量状态和智慧水平。而你之所以觉得矛盾，也是因为听者会无意识地用你的故事论证自己的认知。

但凡能说透的东西，往往早就释怀了，唯有你自己在潜意识里接受了自己的心结，你的生活才能更积极一些。

△ 别让容忍和善良变成卑微

有人说：心软是一种不公平的善良，成全了别人，委屈了自己。你容忍别人的同时，也在消耗自己的人生。你更没有那么多能量，去背负他人的命运。

我们不去扎人，但你的身上必须有刺。所有的善意都要建立在保护好自己的前提下，不是什么事情都值得你奋不顾身。

有时只有你变强了，那些刺变硬了，才能在弱肉强食的环境里赢得更多的尊重，否则你的容忍和善良，在他人眼里就变成了卑微。而当你抱怨遇到的狠心和欺骗以及得寸进尺的人时，你会发现这些貌似不公的行为多半是你忍让出来的。

⊿ 了解人性与善解自心

生活不易，个人所求不同，各自立场也就不一样。所以别在他人心中修行自己，也别在自己心中强求他人。但这善解人意，不知何时被很多人，甚至我们自己，与得寸进尺联系到了一起。你讲善意首先要分"人"，对善者讲善，是拯救人生；对恶者讲善，就是浪费生命。鲁迅先生说过："中国人的性情是总喜欢调和、折中的。譬如你说，这屋子太暗，须在这里开一个窗，大家一定不允许的。但是如果你主张拆掉屋顶，他们就会来调和，愿意开窗了。"

当善解人意被我们自己与"老实人"的标签混淆后，就只剩下永远讲不完的道理、永远谈不完的感情和暖不过来的心。而真正的善解人意，最应做到的是了解人性与善解自心，这样才能避免你跟别人讲道理的时候，别人跟你耍流氓。

麻烦是值得期待的

⊿ 交浅不言深

你听说过不要和一个人熟得太快的忠告吗？有人说"刚认识就很熟的人，都带有目的"，这话虽然有点片面，但成年人的世界就是"不如意事常八九，可与人言无二三"。这也是我们常说的"交浅不言深"，还不熟悉、不知根知底就掏心掏肺，可能会换来腹背受敌。成年人交往，别上来就攀亲带故，因为还有来日方长。但是你要是遇上生性热情的，你也别觉得人家人傻钱多、好欺负，如果一味把别人当傻子，精于手段地算计他人，终有一天，自作聪明者会被别人识破，这无异于作茧自缚。

现实生活里是有那种像鲁迅说的"见不得别人过好日子，自己没的若别人有，自己就会心生恨"的人。你也千万别问他为什么如此，搞不好他自己也会被自己的心机折磨得夜不能寐。遇到这样的人，咱也得记住了，"别人的光我挡不住，该是我的光你也别来遮"。我们接触的人多了，也会明白，越是品行不好的人，越喜欢互相踩踏，互相拆台；而越有教养的人，越能看到别人的优秀，越懂得互相支持。

⊿ "麻烦别人"也是一种高级别的情商

我一直是个特别不愿意麻烦别人的人，直到这些年才略有改进。

有原生家庭的影响，更是性格使然，在国外上学的时候，因为人力都比较贵，所以有的女生活成了男生，小到修马桶、换灯泡，大到搬家打包、铺地板、刷墙，只要是自己力所能及的事情，好像都不愿意麻烦别人。

用钱能解决的事情，都可以明码标价。但最难还的却是人情，因为人情无价，也不好估价，滥用人情有时就会徒增烦恼。

有人一定会说，一看你就没什么真朋友，朋友不就是拿来用的吗？在家靠父母，出门靠朋友。就这一个"用"字也是要付出代价的，等到未来的某一天要为曾经的"用"买单的时候，恰巧你又因身不由己而不能做到让朋友称心如意，这笔人情债就算欠下了。所以说，朋友也好，婚姻也好，都讲究势均力敌，不让自己难堪，也不为难别人。

"所有命运馈赠的礼物早已在暗中标好了的价格。"

麻烦别人虽然是一种高级别的情商，但是你也要有麻烦得起别人的资本。

分析自己和有着相同经历的朋友，我发现，不想麻烦别人的人，潜台词就是"你们也别来麻烦我"。我们认为这样就可以规避矛盾，甚至让自己远离劲敌和麻烦。殊不知，正如哲学家格拉西安说："一个聪明人从敌人那里得到的东西，比一个傻瓜从朋友那里得到的东西更多。"竞争对手不仅是你我面前的一堵墙，更是一面镜子，他能让我们反观自身，快速成长。

而另外一种害怕麻烦别人的人，是哪怕别人主动为他们做一点小事，也会被拒绝或很快"还人情"。因为别人的好对他而言是有压力的。

我之前就属于后者，独来独往，不愿意走近别人，也不愿别人靠近，不管依赖别人还是被别人依赖，对我而言，都是"很麻烦的事"。后来逐渐明白这其实是一种不那么明显的"回避型人格"。回避型的人认为，只要有依恋就很容易产生依赖，就会有伤害。

这个世界上，没有一个人是一座孤岛，也没有一个人能真正地与世隔绝，既然要相互依存，就要懂得"麻烦别人"。但麻烦别人不是没有尺度的，也要有界限感、分寸感。

你终将明白，懂得"麻烦别人"也是一种高级别的情商。

心有力量，岁月静好

有一颗让自己幸福的心

人傻不是毛病，不虚就行；人精也不是问题，不坏就行；善于利用人际关系更不是毛病，别"卸磨杀驴"就行。

我们都在羡慕、争取着别人身上的"有"，而消耗着被自己看作再平常不过的"无"。我们忽略了自己度过的 20 岁、30 岁、40 岁乃至一生，那都是由很多因素交织而成的。

稻盛和夫先生在书中写道："人生皆苦，诸行无常。"

我们身边所发生的各种现象，都不是恒定和安定的，周遭的现象却是我们内心的反映。要想获得幸福，首先要有一颗能够让自己幸福的心。

在我看来，把生命照看好，把灵魂安顿好，设定好自己的乐观机制，这便是人生的好状态。

我们眼中幸福或者智慧的人并不是没有伤痛、没有哭闹过，因为是人就都在抑郁的门口徘徊过，只是最终他们明白，经历越多越无所谓值不值得，只因你我的释怀而变得一切值得。

⊿ 伤口是光进入你内心的地方

彼此走得近了，就会刺激出攀比心理，说白了这就是人因不自信产生的攻击情绪，但又不想承认这个事儿，于是自欺欺人地认定抱有暗黑心理的是对方，从而对他人发泄自己的情绪以攻击他人。

有人说："我们人啊，对自身有重要意义的领域，都喜欢与比自己差的人来往，而在自身不太重视的领域，却喜欢结交比自己优秀的朋友。"而那些讨厌你的人，无非就是因为此刻、你的某一方面，让他们的"自我评价"降低了，心理失衡了，进而对你产生了一种抵触心理。人一旦有这种心理状况，他在与任何人交往的过程中都会带有攻击性。

把一位 13 世纪古波斯诗人的话送给各位，"伤口是光进入你内心的地方"。

⊿ 记得自己被善待过

您是不是也遇到过这样的人：生怕别人超越了自己，羡慕变成嫉妒，嫉妒最后演变为阴暗使绊？咱远的不说，就拿我做自媒体这两年来遇到的情况来说，内容抄袭、音轨搬运、买黑粉攻击的人，比比皆是。

别人是影响力大了，受到的挑战肯定就大了，可仔细想想，我的影响这才哪儿到哪儿呀？

关键在于，有时候不光内容被搬运抄袭，还有人把它植入了内衣的买卖里。

您说您得多不了解我呀，谁不知道我真人也纯属"飞机场跑道"呀，您这不是欺骗消费者吗？人家还理直气壮地安慰我说："您别生气呀，我是因为喜欢您才抄袭的"，这潜台词就好比说："您应该高兴呀，我这顺带脚给您在您看着不太完美的方面升了个舱，您怎么还生气了呢？"

有一次我收到一封私信，名字是数字，头像是符号，大致内容就是"姐姐，我们收了费用要'口吐芬芳'您了，我是您的粉丝，工作需要，实在没办法"。除了说句"谢谢"，想想的确人家也得生存呀，但这瞬间还是有种"癞蛤蟆趴脚面，不咬人、膈应人"的感觉。

虽说我的视频表述最多的是"心中有爱才有度"，但是我更想说目中有人也才会有路。这两年我也慢慢学会了不再抱怨苛责，而是用心体会各位的善待。

因为生命中最灿烂的，往往不是我们一直被善待，而是我们愿意只记得自己被善待过。

△ 承认自己能力有限

你一定在生活里听过"我不要你觉得,我要我觉得"这样的语言吧,你知道这样的玩笑话其实就是偏见的开始吗?

有人说我们所有自以为是的偏见,都只是因为我们没有达到某个层次而已。

请你记住,即使我们上一刻还是个对他人抱有偏见的人,下一刻在某个场景里我们也可能成为那个承受偏见的人。

情场失意,职场也没有太得意,眼看而立之年都要过了,除了体重越来越重,自己好像还是一无是处,于是你开始一遍遍地重复自己的"无能",让情绪一落千丈。

学会自我同情,是一种自我接纳和保护机制,但它绝不是对问题的开脱。

只有当我们可以坦然地看待自己的失败、接受自己的不完美时,才敢于面对并承认自己能力有限,日后才更可能为自己努力取得的那一点点进步而展颜微笑。

愤怒也是一种健康的情绪

如果能够正确表达，愤怒也可以是一种健康的情绪。

△ 正确地表达愤怒

心理学家认为："在令人紧张害怕的情况下，适当地表现愤怒是合适的，它比恐惧对人的健康更为有利。"当然，长期的爆发性的愤怒或者对外部世界持有一种敌对情绪则会对健康有害。

很多研究者表示，发脾气和愤怒的根源，其实是自己过于执着和傲慢。我们可以尝试直面愤怒，因为一味地压抑情绪并不能使愤怒消失，它会在某一天你猝不及防时爆发。

有句玩笑话说，别羡慕网络上的岁月静好，因为很多都是摆拍的。可是生活里貌似很多人常常带着一副假装的样子活着。

我们一面让自己看起来很强大，一面又害怕别人看见自己的软弱。如果恰巧遇到一些不尊重自己的人，或者对方没有按照我们的意愿，达成我们的诉求时，我们就会发火、暴躁。说白了，不是因为我们有多生气，而是我们那份不自信被外人的"不尊重"触碰了，这让我们觉得自己不重要了。

有时候正确地表达愤怒，世界才会更公平地待你。

⊿ 重要的是愤怒后明确需求

愤怒是人类最自然的情感之一，是人们在丢脸、后悔、痛苦、不安、烦躁等之后的情感表达。

举个例子，我们听到夫妻间的对话："我都和你说了800遍了，你就是个甩手掌柜，我当初真是瞎了眼才嫁给你，给你们爷俩当牛做马，你们家没一个好东西。"这爷俩肯定觉得："为这点事至于吗？"

愤怒是种"万能情感"，这里面包含了辛苦后的委屈、没有被感恩的恼火，以及生理上的激素变化，等等。更真实的情况是，我们可以通过愤怒掩盖、模糊甚至忘掉其他情感。

很多时候，我们之所以觉得自己的愤怒最后变成了一笔糊涂账，是因为我们没有让对方明白自己生气的原因，也从来没有真正传达自己的真实需求，只不过是借着生气发泄了一下。

在愤怒后明确需求，对方才能更好地体察你的心情，才有可能在未来做出你希望的改变。

心有光芒，一路向阳

改变自己的执念，才会让自己的生活柳暗花明。

拥有被别人讨厌的勇气

优秀的人渴望被认可，糟糕的人渴望被关注，你绞尽脑汁做出的所有举动其实都是为了得到别人的认可和赞美。你做的每件事，都貌似会先考虑别人的感受，就算这样谨小慎微地讨好身边的人，你也还是最怕听到别人对自己的负面评价。岸见一郎说，只要你有被他人讨厌的勇气，你才能脱离这些痛苦。不用担心被别人讨厌，也不用担心别人的不喜欢。你对于别人的好，跟别人愿不愿意喜欢你完全就是两个课题。

你喜欢别人是你的课题，他愿不愿意接受，是他的课题。我们人际关系矛盾的起因是对别人的课题妄加干涉。我们在享受自由的同时，也会被人讨厌，但这并不意味着"有钱难买我乐意，我想干吗就干吗"，因为无论顾忌"他人会怎么看"的生活方式，还是"以自我为中心"的生活方式，其实都无妨，重要的是明白我们永远不是世界的中心，我们只是自我认知的中心。

昨天，永远是一道风景，看见了，也会模糊

△ 亲疏随缘，尽力就好

我看过一段很有意思的话："其实人生就是一个逐渐认识到'自己不重要'的过程。20 岁时，我们顾虑别人对我们的想法；40 岁时，我们不理会别人对我们的想法；60 岁时，我们才发现别人根本就没有想到我们。"卡耐基曾说："如果我们只是要在别人面前表现自己，使别人对我们感兴趣，我们将永远不会有许多真实而诚挚的朋友。" 我们总是在拥有越多时，期望越多。你越去索求，也就会越患得患失，所以亲疏随缘，尽力就好。

△ 能够拥有的都只是当下的一瞬间

人生的一切都是自己内心的投射。

就像稻盛和夫先生说的："心不唤物，物不至。"

我们心中描绘什么、抱有怎样的思想、以何种态度对待人生，是决定每个人的人生走向最为重要的因素。

我始终坚信心灵会塑造现实，也会驱动那个现实。你要记得，无论我们是谁，能够拥有的都只是当下的一瞬间，但以怎样的心态活在当下，将决定我们的人生。

归来仍是少年，享受高质量的独处

被霸凌的阴影，还是给我过去的人际交往留下了一些"后遗症"。有时太想合群了，太想去讨好他人，我总会放下一些自己的底线，故意去迎合他人。而这种感觉就像川剧变脸，那个真实的自己永远躲在了面具之后。我在切换自己面具的过程中，不停地消耗着自己的能量。

还记得曾经的你是个怎样的小孩吗？还记得自己当初想成为一个怎样的大人吗？今天的你为了伪装合群，刻意迎合又放弃了多少本来的样子呢？

"合群"二字仿佛成了自己与同事之间维系关系的必要手段。我们为了不被排挤、不被当作异类，有时就只能牺牲自己，然后不断去做一些为难自己的事情，拼命做到合群。

《乌合之众》说："个人一旦成为一个群体的一员，他的智商水平就会立刻大幅度下降。"为了获得认同，有时个体愿意抛弃是非，用智商去换取那份让人备感安全的归属感，努力寻求他人的理解和包容。

在一个糟糕的环境里，合群还有一个同义词，叫作浪费时间。因为低质量的合群远不如高质量的独处。你不用觉得自卑，因为你恰到好处的"不合群"，不是桀骜不驯，更不是狂妄自大，那是独有的一份人间清醒。

消除孤独不再是我们的追求，而如何完成孤独、如何尊重孤独才该是我们毕生的课题。

◿ 期待秒回背后的焦虑

你是没有被及时回复就会焦虑的人吗？

很多时候，在面对自己认为的重要的人或关系时，我们不但期待被秒回，更会因没有被回应而陷入强烈的焦虑情绪，感觉被排斥和孤立。你会从自我怀疑的角度来看待这个社交规则。比如伴侣没有回复，你会将之上升到对你的重视程度不高，分手的困扰和恐惧也会骤增。

教授、上司或面试单位没有回复，你就会担心是不是自己做错了什么，变得焦虑、没有耐心。合作伙伴没有回复，你就觉得这个项目是不是会被竞争对手抢走。

但你也要明白，除了对方故意推迟回复消息来树立主导地位的情况，每个人的回复频率都会受到个人素质和外部因素的影响。我们都希望"和有智慧的人交流，和情商高的人谈恋爱，和靠谱的人共事，和幽默风趣的人同行"，但你更要接受，并非事事都能如你我所愿。

⊿ 批评钝感力

我曾经一度是一个"批评敏感者"。

有很长一段时间，我很怕别人批评我，别人一批评我，我就感觉自己一无是处。

这大概是从被霸凌的时候开始的。宿舍灯一熄灭，霸凌者开始轮番对我进行人身攻击。

我总是在做自我检讨，即便不是自己的错，也会像复盘一样找出自己的问题。一方面，这对自我完善是好的，另一方面，却也给了我很重的"包袱"。

观察我们身边的人，很多女生出门总爱带一个很大的包，不管东西有用没用，她们都爱往里面塞，结果一天下来把自己弄得筋疲力尽，腰酸背疼，包里的东西却也只用了一两样。可是不带这么多东西出门她们又总觉得不放心。

每次听到外人的"建设性意见"，我就像随时背着一个出门用的大包，不假思索地把好的坏的都往里装，一面担心装不下，一面操碎心地未雨绸缪。

我心里有过"你不要批评我，你一批评我，我就觉得自己一无是处"的感觉。在我看来，"被批评"就像扑面而来的风沙，而我就像经不起敲打的鸵鸟，只想把头牢牢埋进土里。

人被批评后要不就全盘接受，试图解释；要不就自我反思，被批评击倒。咱是不是都有过甭管人家说的对不对，都会在内心把反对声音当成威胁，或者贬低那些批评自己的声音的经历？这就是人格心理学家希金斯提出的"自我不一致理论"。

说白了，就是咱们身体里有一个"实际的自己"，有一个"认为的自己"，还有一个"理想的自己"，然后这仨主儿就在我们身体里拧巴、打架，说三缺一焦虑也行，说谁和谁玩不到一块儿去也罢，反正传递到我们自己身上就会下意识地认为自己还不够好。

我听过一句话"批评应该是过脑的，而不是过心的"。我们之所以在意他人的批评指责，是因为我们在内心深处已经否定了自己的价值。你看《庄子·逍遥游》中就讲："至人无己，神人无功，圣人无名。"境界高的人，有三样不在乎：不在乎自己，不在乎功绩，更不在乎声名。

越成熟，越兼容

△ 不较真

成熟是从看谁都顺眼开始的。

把人看清还不如把不喜欢的人看轻。因为无论哪个圈子都是铁打的圈子、流水的讨厌鬼。

我们讨厌一个人，是因为他展现出来的某些行为或特质是我们的阴影——平常被我们隐藏起来的部分。当有人光明正大地展现这些我们厌恶的特质时，我们就会反感，其实你讨厌的这些有可能就是出现在我们自己身上的缺点。不和小人较真，因为不值得；不和社会较真，因为较不起；不和往事较真，因为没价值；不和现实较真，因为没必要。

△ 看穿不轻断

在我看来，如果我说的委屈他都懂，我的故事他也能共情，我会觉得自己可能遇到了灵魂伴侣。

后来我才知道，我所遇到的，是阅历、智商、情商都在自己之上的人，而对方不过是在向下兼容而已。

其实，说到底，我们的委屈在别人眼里就是一个故事。而我们遇到的这个人，就如秦朝李斯在《谏逐客书》中所说："泰山不让土壤，故能成其大；河海不择细流，故能就其深。"

人也一样，能容纳他人不足，就会吸引众人，这靠的并不是三观相合，而是自信的心境。为人之要则，当抬头时观云，低首时看路，于学中思，善养浩然之气、谦卑之性，方能实现大写人生。

△ 多维度思考

你一定听过一句话"我思故我在"，思考是我们之所以为人的根本。无论我们小时候是否学习过良好的思考方式，成年后我们都需要监控自己的思维。我们的思维越是高效、有条理，我们就越能拥有更好的生活质量。举个例子，你和伴侣早上走得急都没来得及刷碗，另一半比你回来得早但还是没有刷，你累了一天，下班回家看着满水池子的脏碗，这架就吵起来了。

如果你在一元思维状态里，就会因为这碗到底谁刷而吵出个子丑寅卯，因为彼此只想分出对错。而在多维度思维里，你就会明白，自己争吵的根源是一方认为另一方不重视自己的努力，或者觉得自己被迫融入了某种社会性别的角色，又或者是觉得自己被剥削、被利用了。

我们习惯了在小的时候，父母怎么说就怎么做，更不会进行多少思考，长大了就会和自己思维方式大体相同的人交朋友，这样会让自己感到轻松和舒服，尤其当他们的想法跟你产生共鸣时，你更会有种被证明的感觉，觉得自己的思维无比正确，这就是所谓的"回音室"。如果世界上只有一种你认为对的声音存在，那么这个世界必将是单调而乏味的。

人与人之间最大的差距，不是情商和智商的差距，而是思维模式的差距。

△ 人际关系中应该知道的 5 件事

人际关系中的有些事，早知道是你的福，不知道你就会变成 fool（傻瓜）。

第一，甭管你多讨厌你的现任领导，你一定不能越级"告状"，除非你的能力可以取代你的现任领导，否则你一定会以不同的方式被逼走，因为能当你领导的人，在大领导眼里一定比你重要。

第二，参加聚会若不是你买单，你也还没和发起人打招呼，就千万别再带其他人过去。因为你这样做了，除了让人破费、招人烦，不知道什么时候你还会被排挤在外，发现两人都不需要你了。

第三，虽说凡事留一线、日后好相见，但是屡次在你底线摩擦的人，就算关系再好，该有的脾气一定要有，因为脾气是保护自己底线用的，只是要克制自己的情绪。

第四，能花钱解决的事，别没事欠人情，钱能还清，人情却没有衡量的标准，它看上去免费，作为负责任的人，人情其实是你至少要用同等代价去还的。

第五，别没事希望谁都能理解你，也别不知趣地向前辈取经，现实就是，这些细节在前辈听来都很低级。对于经验丰富的前辈来说，你的困难对他来说就如同吃饭用筷子一样简单，没人有义务耐心地掰开了揉碎了说给你听。

最好的方法就是实践，哪怕错了你也要去做，但在做时有 3 个错误决不能犯：德薄而位尊，智小而谋大，力小而任重。

心有未来，世界自宽

让人舒服是种美德

你让人舒服的程度，决定着你所能抵达的做人高度。

△刻薄嘴欠 ≠ 幽默

生活中你遇到过永远站在道德的制高点上，用圣人的标准要求别人、用常人的标准衡量自己的人吗？他们不会明白在他们看来可能是一种苦难，在别人的眼中也许正是幸福。他们永远不会在生活里给别人添花，只会在人心里添乱。有时你随意打开一个评论区，看到的都是大型情绪释放器，这种情绪像打哈欠一样容易传染。刻薄嘴欠和幽默是两回事，口无遮拦和坦率也是两回事，有观点和没礼貌更是两回事。

△懂得说话的时机

你有没有纠结过自己是个表达欲过剩的人，一边担心自己话多说了不该说的话，一边又怕话少冷了场。

我们从小就听过"一瓶子不满，半瓶子晃荡""水深不语，人稳不言"。于是，我们周而复始地在自己的本性与人生警句之间拧巴、徘徊。其实，很多事情都赢在适度，毁在过度。

这就像我的职场前辈说的："我们的人生会遇到三次成长，第一次是发现自己不再是世界的中心的时候，第二次是发现再怎么努力也无能为力的时候，第三次是接受自己的平凡并去享受平凡的时候。"我想这就是在告诉我们，最终我们会找到一个"让自己高兴也让别人舒服的平衡点"，那就是懂得说话的时机，不和自己较劲，甘于平凡，敢于接受，更勇于和不完美和解。

△ 尊重和了解一个国家的钥匙

语言是尊重和了解一个国家最好的钥匙。但在一些陌生国家工作生存的时候，非语言沟通能提供超越字词的信息。

这段感悟源自 2010 年北京时间 6 月 30 日我的一段采访经历。

当天一早 8 点开始，我们采访小组便在宾馆里待命。大约 10 时 30 分，我们接到通知可以立即前往采访营地。尽管当天的交通不是很好，路上有些堵车，但我们还是按时到达了。

为了确保受访者的安全，安检非常严格，我们每个人的手机和私人物品要留在车上，除了我们要用的设备，没有一样多余的物品被允许带入营地的帐篷里。随行人员包括我在内的三位女士所佩戴的首饰，也都被要求摘下来，他们会在测试其锋利程度后归还我们。

检测器非常敏感，我们女孩子文胸上的钢丝使得检测器一直响，安检人员是男性，一直不让我们通过。因为在这个国家能说英文的人很少，所以我只能用肢体语言给他解释。我在自己胸前做出一个弧形的手势，这让在场的安全部人员和我们的工作人员都笑了。

非语言沟通无处不在，在补充、强调、调控语言沟通上提供了许多功能，用好总能给人意外之喜，值得细细体悟、勤加练习。

与后半生握手言和

⊿ 人生三种境界

曾看过南怀瑾先生总结人生智慧，大体意思就是年轻时要看得远，中年时要看得透，老年时要看得淡。年轻时看得远，并不仅仅是让你看到诗和远方，还要让你时常修补一下自身的不足。和喜欢的人在一起共事是常事，和不喜欢的人在一起，你还能眼里发着光、兜里挣着钱，那才叫本事。而这种本事就算背后必然是泥泞，你也可以在泥泞之中谋划理想。中年时看得透，看透的应该是时机，更是人心的变化。

曾国藩曾说："人败不离'逸'字，讨人嫌不离'骄'字。"昂首，是为了积极向上；低头，更是为了厚积薄发。年老时看淡功名利禄，只有健康会陪着我们完成这场单程的旅行。

⊿ 若优秀很难，先珍重平安

我经常会说，别跟别人比，和你自己比，别人有苹果你有梨，可能你就适合吃梨，别人吃了梨可能就会脾胃虚寒拉肚子，但是也许你吃了苹果就会不舒服。

每个人的情况不一样，如果梨就在你手边，苹果就算你跳起来也够不到，搬了梯子够它也很费劲，甚至还得求别人帮忙搭梯子去够，这个时候，我觉得还不如去够一下手边的梨，够到了，尝试了，如果可以，过几年再去够那个苹果。

外人在乎你飞得够不够高，只有爱你的人在意你飞得累不累。如果你也曾竭尽全力，累了、倦了、飞不动了，那咱先停一停好不好？人从来都不是一下子绝望的，而是渐渐失去希望的，直到遇见我们所能看见的最后一根稻草，才能重新找回活出自我的勇气。

人生的成功绝不在于物质的丰富，而是后半生你我身体无病，心里无事，眼里无怨。

△ 会因势，能成势

樊登老师曾说，世界上有两件事最难："一件是把别人的钱放在自己口袋中，另一件是把自己的思想放入别人的脑袋中。"这两件事都离不开良好的沟通，但在我看来，我们也要把时间花在值得沟通的人身上。

举个例子，您一定见过这样的人，明明今时不如往日，带着合作咨询的心思，却总放不下"曾经辉煌"的面子，拉大旗做虎皮，对于你建设性的提议，他一定回复："我当年一年挣了多少多少，谁谁谁当年在我手底下怎么样怎么样，我要是早点入局、进入网络平台，就没有现在的谁谁谁了。我都做这么大了，现在让我再营销自己太可笑了！"每次听到这样的谈话，我也就暂时性地闭口不谈了，因为情绪不对，沟通就不对；沟通不对，内容价值就会被扭曲。

这也使我想起了多年前的一句话：这年头，管你什么优势，把握不住时势，你永远也干不过趋势。其实这也是我们常说的"识时务者为俊杰"。欲成大事者，必须研究"势"，把握大势，着眼大事，因势而谋，应势而动，借势而行，顺势而为。你会发现古今成

海边，午后，有碧海、蓝天，有微风、阳光，更有云舒云卷

大事者，莫不在"势"上做足了文章。会因势，能成势，方能胜人一筹，捷足先登。

后记
不完美才是
真实的生活

　　当编辑刘老师问我，这本书会以什么样的方式结尾时，我说我想写致未来的一封信。刘老师问："是给你自己还是给读者？"我说："是给未来的我们。"

　　这本书一大部分都是在讲自己。

　　有人说讲自己不是一件容易的事情，更不是一件随时能进行的事情，一生难得能有这样的机会和境遇，所以对于这本书给予我和各位用文字沟通的机会，我甚是珍惜。因为"我"作为第一人称，多半是讲述我们扮演的角色，这本书里我最大限度地避开了角色感，注入最多的是真实感，哪怕带有曲折性、无力感，我也希望各位能看到最真实的我，而不是加入滤镜后带有人设的我。

　　我希望，在 10 年后打开这本书时，书里也未曾有滤镜过强、饱和度过高的内容，自己也不会掉落一身鸡皮疙瘩。而我从自己经历过的人生里更好地体会到了成长的概念，因为真正的成长，一定不是把某个特定时期的状态切除掉或者遗忘掉，而是带着自己最本真和真实的一切清醒地生活。

我们需要在这个过程中帮助自己去接受，去面对，去经历，去解析生活的痛苦、悲伤、自卑、愤怒、恐惧、挫败和阴暗心理，我们可以试着反观自己当下在干什么、想什么、为什么愤怒、为什么恐惧，知道什么底线不能突破、什么信念是永远要坚持的。因为这样与自己的互动才能照亮未来的自己，因为这份互动的意识和自我觉知才会改变我们的命运。

命运不是依靠任何人的施舍来变得灵动和丰富的，而是依靠我们每个人每一次恰到好处的选择和思考。命运不会因为你是内向或外向、是享受孤独或是热衷于喧杂而厚此薄彼。

如果你害怕的孤独是一个人的孤独，没关系，只是不要刻意封闭内心的焦虑。独立而不孤立的灵魂是幸运的，更是幸福的，只要不切断自己与外界的联结，这就是一种归属感。

放开自己去拥抱不同的环境，去联结，去感受，去体会，那里藏着迥异的人生素材，回过头来，我们也才更容易去突破家族代际的羁绊和原生家庭的围墙。

当我们有一天在重塑自己后的新领域里感受生命带来的新体验时，也才会真正感悟颠扑不破的某种深层含义。

　　人生有很多课题是没有所谓正确答案的，一些问题之所以可以迎刃而解、被我们看到真相，是因为我们从未放弃去探索自己生命底色中的真实。有一些人一夜之间的蜕变也绝对不是偶然的，他们一定有过自怜自艾、舔舐伤口的经历，但最终会带着现实结痂的伤疤，离开想象中鲜花蔓簇的"梦幻家园"，不再刻意遮掩伤疤的缺陷，勇敢地面对前方的泥泞。

　　因为在这一刻，我们已经战胜了心中那个长久蜷缩的自己，在漫长的征程中也才会遇到和你我一样，在经历孤独、愧疚、困惑和挑战后，仍然愿意与你结伴而行，狂热地追求生活，深情地热爱自己，并温情地疗愈人生的知己。

　　感谢人民邮电出版社智元微库的编辑老师们，感谢门乃婷老师的设计，感谢冯唐、周国平、黄启团、岳晓东、约翰·格雷五位老师的推荐。

　　谢谢家人和朋友们，尤其是我的先生，感激这些年你一直为我鼓掌。

　　感恩所有素未谋面的粉丝的支持，你们的不离不弃，让我的未来可期。

2021 年 6 月 25 日北京雨夜

跋
我眼中的涵涵

说起女儿，感觉有很多话要说，又不知道从哪里说起，那我就以 20 世纪 80 年代她出生为时间轴的起点，说说她的一些小故事吧。

女儿从小就很乖，善解人意，还是个"小话痨"。院子里的大人、孩子都很喜欢她。

说起乖，那时我们住在筒子楼，邻居经常说很难听到她的哭声，她看见谁都永远是笑的。从小不管吃饭还是吃药，她也都很乖地配合。哪怕是生病了、很难受，她也不会任性地哭闹。她小的时候，暖气晚上 8 点就停了，夜里换尿布时很冷，我手忙脚乱，她也会很懂事地冲着我笑，给第一次做母亲的我很多安慰，也让我更加疼爱她。

她的洞察力和感知力总是出乎我的意料。她不到 5 岁时，有次我因为抵抗力下降生病，上吐下泻，处于接近脱水的状态，当时她爸出差在外，她就不声不响地在厨房里点起炉灶给我"调出"一杯很甜的"盐糖水"，告诉我喝了就有力气了。我当时既感动又后怕，感动的是她的善解人意，后怕的是家里灶台很高，她一定是搬着小板凳、划着火柴打开的。后来问她缘故，她说："妈妈，我每次拉肚子时，你就是煮这样的水给我喝的。"——她把生理盐水当作糖水了。

因为在筒子楼里生活，她一起床最爱做的事情就是搬着小板凳在楼道里和过往的人打招呼。大家也很配合，不管多忙都会一句不落地回应她。这些长辈看着涵涵长大，如今她快 40 岁了，每次回来看我时遇到这些叔叔阿姨还是会打招呼，还像当年楼道里那个"小话痨"。

她的音乐敏感度好像一直都还不错。不到 1 岁时，听到有人练声（声乐），她就与人家"PK"。人家原调唱"咪咪咪，嘛嘛嘛"，她就自己主动降调，跟着效仿。还别说，这音准把握还是可圈可点的。同事经常用乐理知识逗她，她也乐此不疲地"接招"，把自己的小奶瓶当作麦克风，放在嘴边咿咿呀呀地哼唱。很多人都问我，她有天赋，为什么没有让她选择这个职业？其实是她自己更愿意把这个天赋当作喜好。如果有幸把喜好当作职业，这当然很好；如果能把喜好当作心里宁静的一隅，也是个不错的选择。我想，涵涵是带着这份喜好选择了后者。

我们每年都要出差，经常把她寄放在同事家、朋友家。大家都对她很好，但常年生活在别人家，女儿似乎总是比别的孩子更会察言观色，总是担心给别人添麻烦。每次离家前我都会嘱咐她："在别人家喜欢什么，咱们别主动索要，记在日记里，妈妈爸爸回来给你补上。"但是女儿从不贪心。我们回来，她从不提要求。我和她父亲总想在物质上尽量满足她，但她遇着再喜欢吃的和玩的东西，也总是说"妈妈，一个就够了"，我知道她是怕我们为难。因为工作，我们亏欠了孩子太多，在她最需要陪伴的时候，我们总是和她相距千里；在本应该无忧无虑的年纪，她过早地体会了寄人篱下的生活、过早地懂事。作为母亲，孩子太懂事是一件让自己心疼的事，因为那意味着她弱化了自己性格里真实的一面，而这样的敏感一定会随着她的成长而贯穿她的整个人生。对此，我一直自责，更想加倍补偿。

在生活中，我自认为我们是无话不谈的朋友。虽然随着年纪渐长，有时候我也会像老小孩似的"无理取闹"，有时也会在"我是你妈"这样的语境里尬聊，但大多数时候，我们会畅聊到凌晨一两点。

这个习惯也延续到了她在国外的时候。上次搬家，我整理了之前用过的国际长途电话卡，摞起来有一米多高。那时通信技术没有如今这样发达，我还清楚地记着要拨号上网。每次想在视频里看看她，常因为信号太差，画面卡在屏幕里，语音断断续续，用现在年轻人的话来说就是"鬼畜视频"，迫于无奈，就只能打长途电话。她自己很节省，也总怕我们为她多花钱。出国第一年时，她给自己制定的生活费标准是一天不能超过 10 澳元，有时超过一点她就会自责。那时澳元兑人民币的汇率很高，她总担心自己会成为家里的负担，就算我们给她充足的生活费，她也会省着下个学期用，每次我都觉得很心疼。

在海外学习时假期很多，有时长假会持续 3 个月，但她要不就不回国，要回国也只待一个月就走了。她选择了很多假期课程，想尽量缩短学年。在她的努力下，她的成绩一直很不错，还拿了属于国际学生的奖学金。她每次云淡风轻地笑着说起这些的时候，我知道她自己一定熬过了很多个孤独和无助的夜晚。空闲时间她也会在大学做一些兼职工作，一面丰盈自己，一面让更多的外国人了解我们国家。

她太孝顺了，这份孝顺就像过早懂事一样，会让我心疼。不管什么时候，不管多忙多累，她总要照顾好我和她爸。春夏秋冬的服装、日常用品、吃的喝的和厨房作料、家里要添的大件小件家具，以及我们老人用的按摩椅、各类治疗仪……她从未落下过。有时候看见一些新奇的玩意儿，我们随口聊天时提到，第二天她就会快递过来，好几次我们都不"敢"再说了。很欣慰，我有个善解人意的女儿，但我又很心疼她的这份"操心"。

我女儿的脾气属于来得快去得也快，对事不对人。如果是她错了，她绝对会第一时间道歉，总结起来就是"解决心情在先，解决事情放后"的典型"顺毛驴"。别看她脾气大，基本上还都在点儿上，在我们长辈面前，也没有失了分寸的时候。最值得一提的是，她是我们家人的"开心果"。她不忙时和全家吃饭，那是我们最快乐的时光。她的语言组织能力和模仿能力都很强，想象力特别丰富。看到或听到一件事后，她动用想象力、肢体语言或方言把这件事二次加工，描述得惟妙惟肖，连她爸这种不爱开玩笑的人也经常被逗得前仰后合。有的时候她因为工作忙不能回家，我和她爸会觉得饭吃得一点意思都没有。

人上了岁数就有说不完的话。她在我面前，我还觉得她是当年冲着我咿咿呀呀的孩子，总觉得还有很多要嘱咐、要关照，其实我知道她已经有足够的自信和能力把自己照顾得很好了。

女儿，我希望你在未来的日子，不用太懂事，也不用面面俱到；遇到糟糕的事情时，不用质疑是不是自己不够好，世界本来就是不完美的，随心所欲一些，没有什么不好。对于这本书，我希望看完的人能和你一样，活出自己想要的样子。

衷心感谢帮助过涵涵的朋友、粉丝、老师及出版社。

最后，别嫌我唠叨，注意身体，少熬夜，别太累。

永远爱你的老妈

2021 年 10 月 14 日夜